少年探索发现系列

探索奥秘世界　发现未解之谜

INCREDIBLE UNSOLVED MYSTERIES

最不可思议的地球未解之谜

总策划／邢涛　主编／龚勋

汕頭大學出版社

前言
Foreword

我们居住的地球神秘而美丽，深邃的天空、浩瀚的海洋、神奇的陆地，无不存在着令人迷惑的未知事物和现象。为了帮助少年儿童重新认识这个熟悉而又陌生的星球，全方位体验探索与发现的魅力，我们精心编写了这本《最不可思议的地球未解之谜》。

本书分为四部分，将地球内部、陆地、水域、气象方面存在的最有趣、最新奇的谜团呈现给大家。这些扑朔迷离的谜团既令人惊奇，又引人深思。在每一个“谜”中，我们还设置了两个重要问题作为阅读提示。同时，“地球悬疑录”的设置，更为本书增添了趣味性和可读性。本书文字生动简洁，并配有大量精美图片，为读者展示了地球上存在的种种奇闻异象，使枯燥高深的科学问题变得生动而有趣。

我们衷心希望，通过阅读本书，少年儿童能够对地球上的未知领域有一定的了解，并将其当成探索的动力，在思考与求知中走向未来。

令人叹为观止的地球传奇！！

目录
CONTENTS

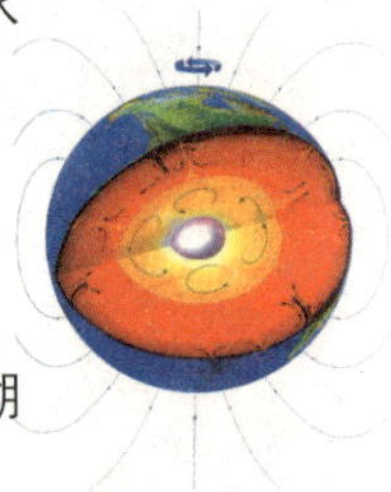

第四章 135~153

变幻无常的气象

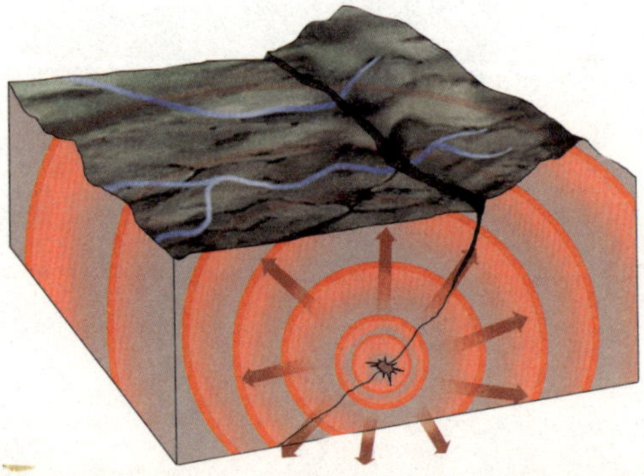

［第一章］

神秘莫测的星球

地球是一颗美丽而神秘的星球，关于地球的探秘活动，人类已经延续了几千年。但是直到现在，人们对于自己所居住的地球仍然了解不多，比如：地球是如何诞生的？它已经存在了多少年？地心深处是由什么物质构成的，那里有生命存在吗？地球为何能转个不停，是什么赋予它如此巨大的动力？地球磁场会逆转吗？未来的地球是什么样子的？地球会永远存在吗……这一切的一切，实在值得我们好好探索、研究。下面，就让我们将目光投向这颗与我们息息相关的星球，去探寻一桩桩关于地球的未解谜团吧。

地球诞生之谜

最初的宇宙是什么模样的?
地球是星云集结成的吗?

地球是太阳系中最美丽的行星，也是人类的家园。人类对地球的研究很早就开始了。经过不断的努力探索，人们对地球的认识逐步深入。最早从科学角度解释地球起源的是法国著名生物学家、博物学家布丰。1745年，他提出了一种关于地球起源的假说：很久很久以前，一颗巨大的彗星与太阳相撞，太阳被撞下一些碎块，这些碎块就围绕着太阳旋转，最后形成了包括地球在内的几大行星。这一假说是对地球起源问题的一个重大突破。

1755年，德国人康德提出了“星云说”，认为太阳系最初只是由气体和尘埃组成的云团（即星云）。星云中的质点分布不均匀，有的空间较密，有的空间较疏。在引力的作用下，星云的大部分物质向中心集结，中心部分物质越来越密，温度也变得越来越高，由此形成了

宇宙中存在着各种物质。

原始的太阳。与此同时，围绕太阳旋转的尘埃颗粒也开始聚集，最终凝聚成环绕太阳旋转的、包括地球在内的各个行星。

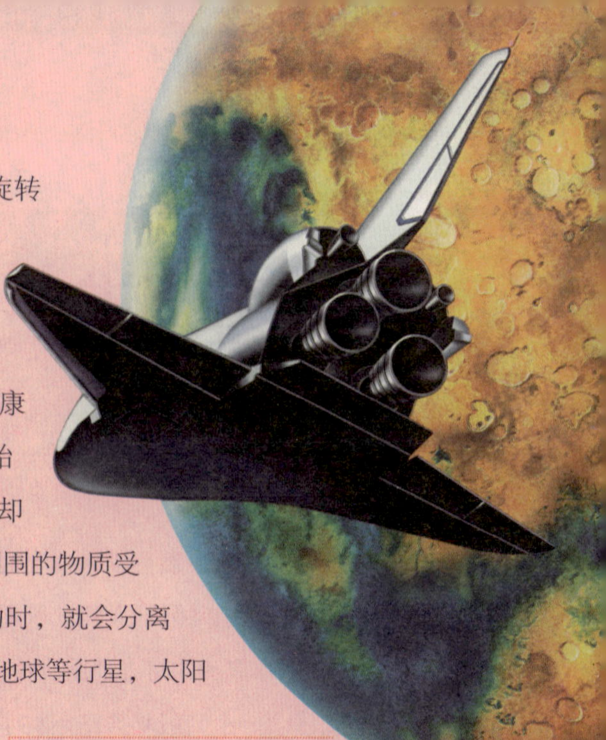

1796年，法国数学家拉普拉斯把康德的理论又推进一步，他提出：原始星云是由炽热气体组成的。当气体冷却收缩后，星云就开始旋转。当星云周围的物质受到的离心力超过了中心对它的吸引力时，就会分离出一个个圆环，圆环凝聚后便形成了地球等行星，太阳的形成要比行星稍微晚些。

人类对宇宙的探索从未停止。

此外，也有不少人认同“宇宙大爆炸”观点，认为大约150亿年前，宇宙曾经发生过大爆炸，爆炸产生的碎片形成了星云，星云中的微粒互相吸引，形成了包括地球在内的一个个星体。

关于地球起源的问题真可谓众说纷纭，地球究竟是怎么形成的，至今仍无定论。

探索地球的年龄

地球的年龄有多大？
如何测量地球的年龄？

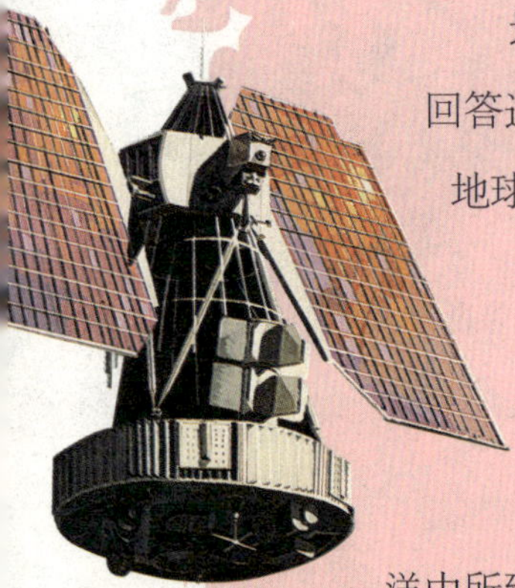

地球自诞生以来，已经度过了多少岁月？很早以前就有人想回答这个问题。人们试着用各种方法进行测算，希望能找到证明地球年龄的有力证据，可是至今仍未得到确切的答案。

最早尝试用科学方法探索地球年龄的是英国物理学家哈雷。他认为，人们应该去海洋里寻找证据。哈雷说，假定海水最初是从大气中落下的淡水，那么今天海水里的盐可能是经过极漫长的时间，由河水将陆地上的盐冲入海洋中所致。那么，用目前海洋中所含盐分的吨数，除以世界各大河流每年冲入海洋的盐的平均吨数，便可计算出海洋的年龄，从而推断出地球的年龄。科学家们用哈雷的方法，推算出地球的年龄大约为1亿岁。但是海洋里的盐还有其他成因，因此哈雷的推算方法并不精确。

到了17世纪，人们又在海洋中找到一种“计时器”——海洋沉积物。据估计，每过3000～10000年，海底便会形成1米厚的沉积岩，地球上的沉积岩最厚的地方约100千米。由此推算，地球年龄是3亿～10亿岁。但是这种方法忽略了在沉积岩形成前地球早已形成，因此这一结果也不一定准确。

地球悬疑录 Earth

放射性碳测年

碳-12和碳-14在生物中以同样的比例存在，但是当生物死亡后，碳-14逐年衰减。因此，科学家能通过测算碳-12和碳-14的比例变化，计算出生物已死去多少年。

到了19世纪末，随着放射性同位素的发现，人们开始利用不同放射性同位素的蜕变规律测定岩石的绝对年龄，这是目前测定地球年龄的最佳方法。根据这种方法，科学家找到的最古老的岩石有38亿岁。然而，这些古老岩石下面的岩床，它的凝固时代则处于地球地质史上的更早期，地质学家至今还不能确定这些岩床的年代。

那么，地球究竟有多古老呢？大多数科学家相信，地球与太阳系的其他行星几乎是同时形成的。通过铀—铅比例测定从天空降下的陨石碎块，以及取自月球表面的岩石标本，现在的科学家推断出地球是在46亿年前形成的。然而，这个结论是依靠间接证据推测出来的。实际上，人们至今还没有在地球自身中发现确凿的证据，以此证明地球已存在了46亿年。

月球上的岩石能帮助我们间接地推断出地球的年龄。

探寻生命的起源

生命是怎样产生的？
最初的生命起源于哪里？

40亿年前的地球

生命的起源是个亘古未解之谜。地球上的生命是怎样产生的？最初的生命产生于何时何地？千百年来，科学家们虽然对这些谜题探究不止，但是始终没有令人满意的答案。

从古至今，关于生命起源的说法有很多，比如中国的盘古开天地，西方的创世说等。直到19世纪，英国博物学家达尔文所著的《物种起源》问世，才为人类揭开生命起源这一千古之谜带来了一丝曙光。书中提出了生物进化论的学说，这一学说认为，原始海洋和大气中的简单化合物随着时

生命是彗星带来的吗？

达尔文认为，原始海洋里的各种物质不断相互作用，逐渐形成了生命。

间的推移会形成复杂的、种类繁多的氨基酸和简单糖类，经过若干年代，又逐渐形成了蛋白质和核酸，最后随机结合成诱发自我复制的核酸分子，于是生命就出现了。

虽然生物进化论学说得到了大多数科学家的推崇，但古生物学研究的结果却表明，在寒武纪时期，地球上的生命出现了爆炸性的突变，无任何进化痕迹可寻。

最近一段时间，有的科学家又提出了一种新的看法，认为40多亿年前在地球上出现的第一批生命（即原始生物）起源于火山喷发，也就是说生命是从火里诞生的。科学家得出这一结论的依据是，在活火山附近的湖中发现了一些微生物，这些微生物与地球上最早出现的蛋白质和其他生物分子非常类似。

此外，还有一些科学家认为生命起源于彗星。持这种观点的科学家认为，当彗星掠过或撞击地球时，它携带的有机分子落到了地球上，地球上生命的故事便由此展开了。

尽管人类为探索生命的起源做出了种种努力，但是对于这一谜题至今还没有一个圆满的答案。不过，我们相信随着自然科学的发展，人类一定能解开生命起源这个古老而又复杂的谜题。

地球悬疑录 Earth

寒武纪时的地球

寒武纪开始于5.7亿年前。那时地球上出现了丰富多姿的生物，这些生物包括鹦鹉螺、绿藻等，以海生无脊椎动物和海生藻类植物为主。

无法解释的夜空黑暗

宇宙有“暗区”吗？
是宇宙的不断膨胀导致了夜空黑暗吗？

闪烁的群星无法将夜空照亮。

夜空为什么是黑暗的？这个问题听起来有点幼稚可笑，但是至今没有人能够合理地加以解释。也许有人会说，当地球转到太阳照不到的一面时，我们看到的夜空就是黑暗的了。但是宇宙是无边无际的，并以一定密度均匀地分布着无数颗恒星，所以无论我们看向哪个方向，应该都能看到很多颗恒星，整个夜空应该非常明亮。但事实恰恰相反。这是怎么回事呢？

有人认为，在星际间存在着大量的气体和尘埃，它们可以吸收恒星发出的光，所以夜空就变得黑暗了。这种解释显然不能让人满意，因为宇宙中恒星的总光度是无限大的，如果星际物质真的能吸收那么多的能量，那么它自己一定会发出亮光，这样一来，夜空就会变得更加明亮了。

为了解开夜空黑暗之谜，又有人大胆地提出了一种新的观点，认为恒星的分布其实并不均匀，有

宇宙物质的演化过程

宇宙形成示意图

的星区恒星多，有的星区恒星少，因此宇宙有“亮区”和“暗区”之分。当地球运转到暗区时，天空就是黑暗的。这种观点其实是认定宇宙是有限的。因为如果宇宙是无限的，那么恒星与恒星之间就不会有“暗区”，地球上空就不会是黑暗的，而且要比白天还要亮得多。

还有人认为，宇宙不断地向外膨胀，各个星系互相远离。宇宙的膨胀导致光线在传播时波长被拉长，光的能量也变小了。当遥远的星系发出的光到达地球时，其能量已经低到不能被肉眼看到了。并且恒星并不是永恒不老的，实际上有些恒星已经“死亡”了。这些恒星在“死亡”前发出的光尚未到达地球，所以夜空是黑暗的。

目前，尽管天文学研究取得了许多重大进展，但夜空为何黑暗仍是个无法解释的谜。

地球悬疑录 Earth

宇宙膨胀学说

1929年，美国天文学家哈勃经研究推断：宇宙正在不断膨胀，所有的星系都在以非常快的速度远离我们，向四面八方飞去，这就是宇宙膨胀学说。

月球“逃逸”之谜

月球从何时开始远离地球？
是什么打破了地月间的引力平衡？

月球绕地球的运动

近年来，科学家通过对鹦鹉螺壳等化石的研究，发现月球正以每年约3.8厘米的速度离我们远去。鹦鹉螺是非常稀有的活化石，由于受到潮汐的影响，它的外壳上既有像树木一样的“年轮”，也有独特的“日轮”。根据化石显示的信息，科学家推断在距今4亿多年前，地球上的一个月只有9天，那时月球离地球的距离只有现在的一半都不到。

月球的组成物质分布很不均匀。

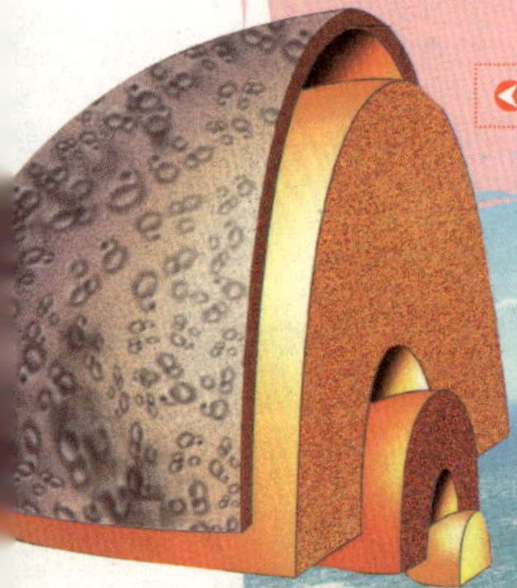

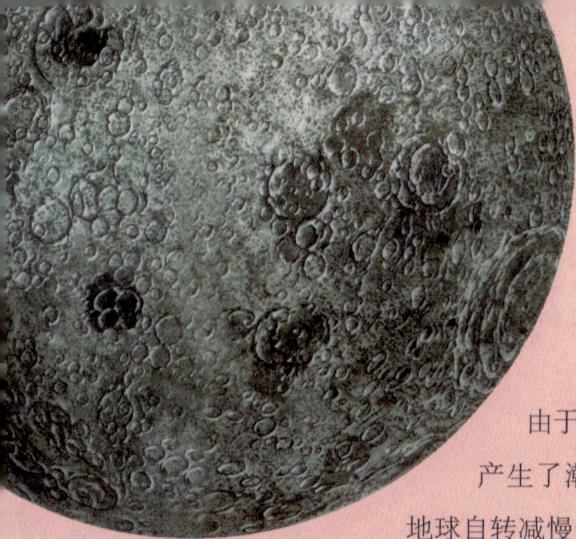

刻有生长线的鹦鹉螺

月球正逐渐远离地球。

有科学家解释这种现象称，由于月球的引力使地球上的海洋产生了潮汐现象。而潮汐摩擦能使地球自转减慢，从而影响到地月系统间的引力平衡。为了获得新的平衡，月球的轨道就在不断变迁中离地球越来越远。

也有科学家认为，由于月球本身的形状并不均匀，而且其组成物质的分布也十分不均匀，这就导致了它的质量中心与几何中心并不一致，因此它在旋转的过程中就会有偏离轨道的趋势。而且，月球还能从地球的引力场中“偷走”一点能量，这种能量打破了地月之间的引力平衡，就像投掷链球一样，导致了月球离地球越来越远。

月球为何逐渐远离地球？由于众说纷纭，至今仍难定论。

悬疑录

地球疑录 Earth

潮汐现象

潮汐是由于月球与太阳的引力作用，引起海水周期性运动的现象。一般月球绕地球一周是24小时48分，潮汐的周期与之相同。

驱使地球转动的力量

让地球转动的力量来自何处？
是太阳风推动了地球吗？

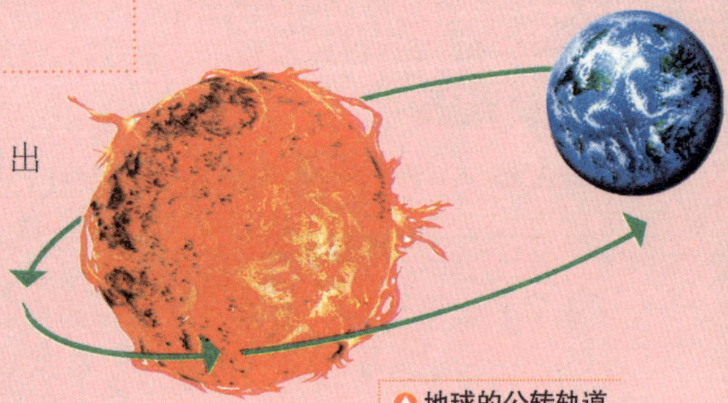

地球的公转轨道

我们每天都能看到日出日落，这是因为地球在不停地旋转着。但是这么庞大的星球是怎么转起来的呢？让它转起来的动力又是什么呢？自从科学家们发现地球在自转之后，就开始不断寻找地球能够自转的原因。

地球当然不会无缘无故地转动。有一种观点认为，地球自转的动力来自地球在形成初期的原始星云。原始星云在形成地球的过程中发生了引力收缩，而在这个引力变化的过程中产生了旋转惯性，这种惯性从地球诞生之初一直保持到了现在，地球正是在这种旋转惯性的作用下才能够不停地旋转。但这种说法完全是虚构的假设和猜想，没有任何证据可以证明。

在20世纪60年代，苏联和美国分别发射了人造卫星，以探测太阳辐射的状况。科学家

太阳能喷出风力强劲的太阳风。

地球与其他七大行星都在围绕着太阳转动。

们本想将卫星发射到轨道之后，让卫星的探测仪器一直面对着太阳。可卫星发射上去之后却不停地转动，根本无法对准太阳。人造卫星在制造的过程中没有发生所谓的引力收缩，那么让它旋转的动力又是什么呢？难道在太空中除了引力、磁力之外，还有其他的力在推动着卫星旋转吗？

20世纪50年代，人们发现了太阳风的存在。太阳风是太阳喷出来的高能量的带电粒子，这些带电粒子在流动时所产生的风速极高，风力极其强劲，彗星拖着的长长的彗尾就是太阳风的杰作。因此，人们又有了关于地球自转动力的新说法：太阳风可以吹遍整个太阳系，它就像一只看不见的巨掌推动着地球。由于地球的质量太大，太阳风无法把地球推出轨道，但它恒久地作用于地球的一侧，必然影响地球在太空的行走姿态，地球自转必然与太阳风有关。

真相果真如此吗？人们至今仍难定论。

地球的自转与公转

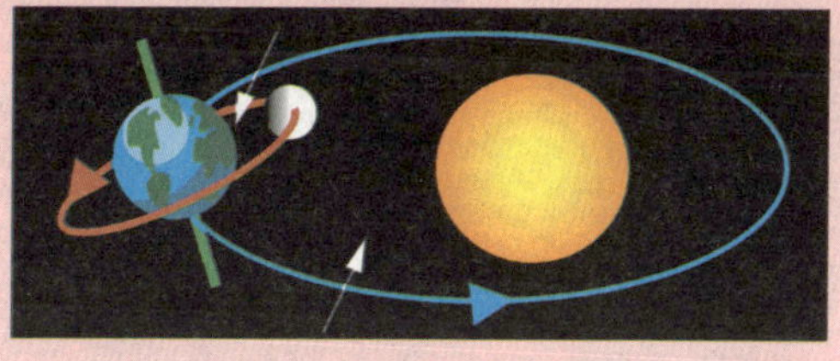

地球悬疑录 Earth

地球的自转与公转

地球绕自转轴自西向东旋转，就是地球的自转。地球在自转的同时，还在以太阳为中心，自西向东地进行着公转。

万有引力是怎样产生的

为什么万物之间都有吸引力？
万有引力产生的机理何在？

万有引力存在于宇宙万物之间。

寻常的苹果落地现象，使牛顿领悟了重力无处不在的道理。这个道理就是伟大的万有引力理论。万有引力的发现使人类科学迈出了一大步，它既解释了原来无法解释的众多物理现象，还使人们利用这一理论打开了更多未知领域的大门。但是，万有引力的产生机理至今仍是一个谜。

有的科学家利用量子力学的理论解释认为：光子是组成物质的最基本粒子。与暗物质不同，光子在不断地向外界表达着自己的存在，它所释放出来的信息包括能量、质量、自身的状态等。光子的信息在不断地改变，因为环境中其他的光子也在向外界释放着自己的信息。在这种信息场的相互作用下，光子必须不断改变自身

地球悬疑录 Earth

万有引力定律

万有引力定律指出：两物体间引力的大小与两物体的质量的乘积成正比，与两物体间距离的平方成反比，而与两物体的化学本质或物理状态以及中介物质无关。

的状态以达到与其他光子的平衡。万有引力其实就是物质存在的一种信息场。一个光子的信息量微不足道，但星球、星系的信息量巨大到难以想象，它们甚至能改变光的运行轨迹。

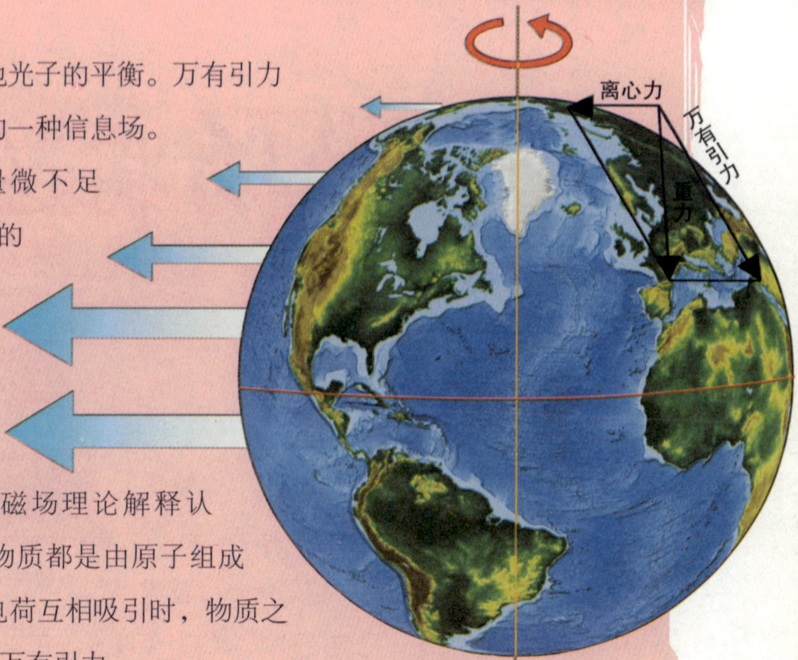

地心引力和地球离心力会合成重力。

有的科学家用磁场理论解释认为：世界上的所有物质都是由原子组成的，原子内的正负电荷互相吸引时，物质之间就会形成磁场，即万有引力。

而用相对论理论解释万有引力的科学家们却认为，万有引力本身其实是不存在的，它不过是时空扭曲现象的必然结果而已。假设一个平直的时空，放入两个大小不同的天体后，由于这两个天体的存在，时空必然受到扭曲。如果第三个天体出现并开始接近这两个天体，这个天体的运行轨迹必然受到另外两个天体扭曲时空的影响而改变轨迹。在质量大的天体附近，这个天体的运行轨迹自然改变得更大一些。这种解释实际上认为，引力只是四维时空被扭曲的表现形式，不是真实的力。

到底哪种说法更接近真实情况呢？现在还难以定论，万有引力产生之谜还有待人类进一步探索。但不可否认的是，这个谜题一旦被彻底揭示，人类对地球的认识将翻开一页更伟大的篇章。

地球磁场将逆转吗

南极会变成北极吗?
地球磁场逆转将导致什么后果?

中国古代的指南针——司南

科学家们经研究发现，地球自诞生以来，其磁场强度一直在发生细微变化。近300年来，地球磁场强度减弱了约10%。近50年来，地球磁场强度减弱的速度越来越快，目前这种减弱的趋势似乎还在加剧。南大西洋的磁场强度衰减表现得尤为明显，20年里减弱了1.0%。

科学家们指出，如果地球磁场强度按现有的速度递减，那么再过几十万年，地球磁场可能会完全消失，从而导致地球磁场南北两极大翻转。据考查，6000年前地球磁场曾减弱到现今的水平，后来逐渐恢复，3000年前又出现过一次磁场衰减的过程。现在地球磁场的衰减要持续多久？地球磁场是否会衰竭？我们是否正处于一个地球磁场两极方向颠倒的开端？目前，科学家们虽然已建立了地磁翻转的模型，但还不能完全解释清楚产生这种颠倒的机理。

那么，地球磁场为什么会发生变化呢？有人认为，这可能是地球被巨大的陨石猛烈撞击后导致的结果，因为猛烈的撞击能促使地球内部的磁场身不由己地翻转。也有人认为，这与地球追随太阳在银河系里漫游有关。因为银河系自身也带有一个磁场，这个更大的磁场会对地球的磁场产生影响，从而促使地球的磁场会像罗盘中的指南针一样，随着银河系磁场方向的改变而不断变化。

如果科学家们关于磁场逆转的预测是真的，那么结果将是灾难性的。强烈的太阳风正是由于地球磁场的作用而不能抵达大气层，一旦地球磁场消失，太阳风将会猛击大气层，并且会加热大气层，从而引起全球气候变化。此外，太阳风还会损坏所有位于地球近地轨道上的导航和通信卫星，并使地球上的生物受到强烈辐射的伤害，从而面临灭绝的危险。

另外，也有一些科学家认为地球磁场强度减弱只是地球磁场正常的波动，因此人们不必大惊小怪。关于地球磁场将逆转的说法究竟是危言耸听，还是未来将要发生的事实，亟待人们继续探索。

地球悬疑录 Earth

历史上的地磁逆转现象

地磁逆转历来就有。20世纪60～70年代，科学家们进行了大量的古地磁的航磁测量，结果证实了地球磁场方向过去的确颠倒过，而且平均10万～20万年颠倒一次。

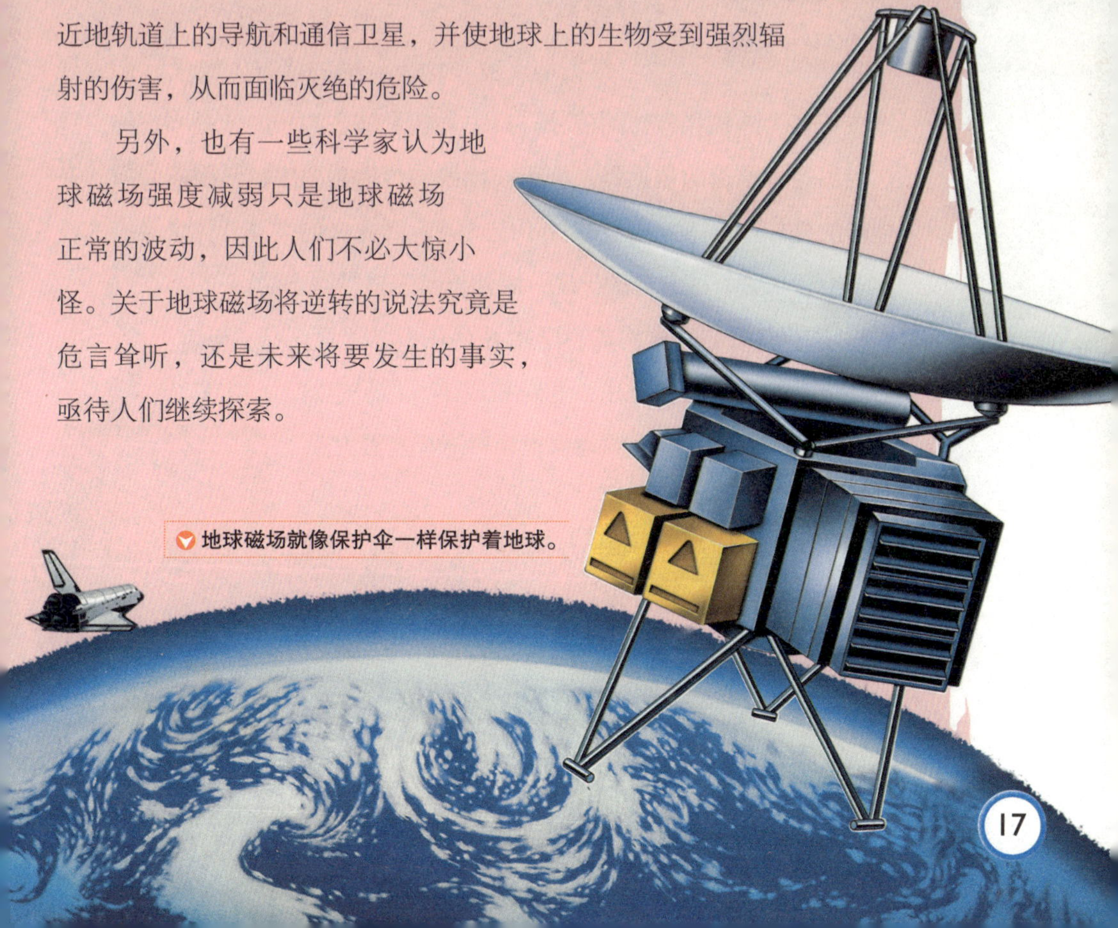

地球磁场就像保护伞一样保护着地球。

探秘地心深处

地球的内核是固态的还是液态的？
地球的内核是由什么物质构成的？

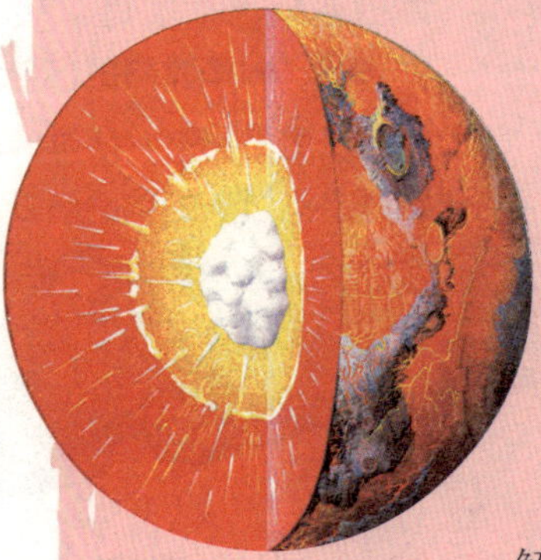
地核内的结构示意图

我们知道，地球从表面到地心可分为地壳、地幔和地核，然而这种认识是比较肤浅的。今天，探测器可以遨游太阳系外层空间，但对人类脚下的地球内部却无能为力。至今，人类依然无法了解从地下深处直到地心那部分区域的存在物。

根据地震波在地下传播的情况，科学家们发现地核可分为外核和内核两部分，其中外核是液态的，内核是固态的。他们得出这一结论的依据是，地震波横波的传播需要比较坚硬的介质，在地球的外核部分，地震波横波不能通过，因此人们推测外核是液态的；到了内核部分，横波再次出现，因此推断内核是固态的。

关于内核的物质构成，学术界存在不少争议，许多人认为内核主要是由铁和镍构成的。但是也有人认为在具有极大压力的地核里，可能存在着大量金属态的氢，由此提出了“金属氢化物地核说”。此外，先后有人提出了“铁硫地核说”“铁硅地核说”“铁氧地核说”等观点。由于人们至今无法证实这些观点，因此地心深处究竟为何物，仍是个解不开的谜。

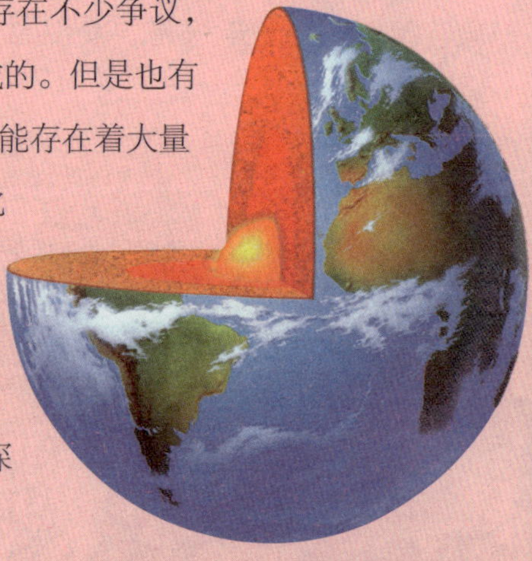
地球内核的物质构成至今还是个谜。

地下森林形成之谜

地下为什么有茂密的森林？
地下森林是地下存在生命的证据吗？

在我国黑龙江省东南部的崇山峻岭中，分布着众多的火山，它们都是在距今大约1万年前喷发后便不再活动的死火山，或休眠火山。

在最大的一处火山口向下望去，只见深达200米的洞中内壁上，林木郁郁葱葱。这就是著名的奇观——“地下森林”。这个地下森林是怎么形成的呢？至今有很多说法。大多数科学家认同的说法是，1万年前的火山爆发所喷发出来的大量火山灰经过堆积风化，形成了火山坑内肥沃的土壤。后经山中的飞鸟、鼠类的活动，把植物的种子带到火山口内。由于火山口内的日照比较少，植物生长所必需的光线有限，所以洞中的植物都使劲向火山口方向生长，日久天长便形成了茂密的地下森林。但是也有不少人认为地下森林是地下存在生命的证据，因此地下森林的成因至今仍无定论。

郁郁葱葱的地下森林

地球的荷重在变化吗

坠落的陨石能增加地球的荷重吗？
地质活动能减少地球的荷重吗？

地球的荷重有什么变化？对于这个问题，有些人可能认为无关紧要，但是它却与我们的生活息息相关。

地球荷重的消长，会影响其自转速度，而地球自转速度的改变将首先影响时间的制定。其次，地球自转速度的改变也会对气候产生影响。这种影响是复杂的，涉及洋流、降水、季风、大气环流以及灾害天气的发生频率等。

目前科学界对地球的荷重在增加还是减少的问题，存在两种截然相反的观点。一种观点认为，地球的荷重在增加。持这种观点的人认为，近10亿年来地球曾遭到数不清的陨石撞击，其中直径大于1000米的陨石的坠落事件达100万次之多。在地球引力的作用下，它至今仍不断地“俘获”掠过地球轨道的小天体。同时大量的宇宙尘埃以每天50万吨的速度降落到地球上，所以地球的荷重每天都在增加。

有的学者认为，火山喷发会使地球荷重减少。

持相反观点的人认为，虽然地球是固态的星球，自身质量很难扩散到宇宙中，但地球上的气体和水蒸气会挥发并

有学者认为，森林等地球资源被大量利用，会使地球荷重减少。

地球疑录 Earth

世界人口快速增长

目前，世界人口的增长速度很快，每天大约出生37万人，每年增长约8296万人。据联合国经济及社会事务部预测，到2300年，地球人口总数将达到90亿。

扩散到太空中去，导致地球的荷重减少。另外，频繁的地震和火山喷发等地质活动也会使地球的荷重减少。地球在剧烈的地质活动中会发生能量与质量的迁移，地球内部的物质会随着火山喷发转化为另一种化学形态而被迁移出地球，使地球的重量逐渐减轻。

有人认为，地球的荷重还与人口的增长有关，人口的增长与消耗是成正比的。人类为了生存，不断地开发着地球上有限的资源，如石油、煤炭、森林、矿藏等，这些被人类利用的地球资源改变了它们原来的化学形态，而且不可再生的资源更是面临着枯竭，正是人口的增加而加速了地球荷重的减少。

对于地球荷重增减的争论无论谁对谁错，最终付出代价的终将是我们人类自身。茫茫宇宙，能给予我们适合生存的家园现在只有一个——地球，我们要做的绝不应是破坏它。

人口增长会增加地球的荷重吗？

第五次冰期何日来临

当冰期到来时，地球是什么模样？
下一个冰川时代何时来临？

前寒武纪大冰期

地球从诞生到现在，共经历了四个大冰期。在约5.7亿年前的前寒武纪里，我们的地球经历了第一次冰期，那时冰川覆盖了欧洲、美洲和亚洲的部分地区。著名的第四次冰期是从250万年前开始的。在第四次冰期之初，冰川覆盖了整个北半球。现在我们就处于第四次冰期的后期，气候逐渐变暖，冰川逐渐消融。

第四次冰期之后的大冰期，自然就是第五次冰期了。第五次冰期的来临，意味着我们的地球又要进入一个冰川广布的可怕的地质年代。与

以往地球上的其他几次冰期不同，在第四次冰期的形成和消失过程中，人类文明也从诞生发展到今天，而现代的人类文明更是以前所未有的程度影响着地球的气候。科学家们经长期观察发现，人类的活动正在加速着第四次冰期冰川的消融。有科学家预言，随着气温的逐年升高，冰川的消融速度会在某一临界点突然爆发，随之而来的海平面快速升高将是人类的灾难。现在我们还不知道第五次冰期会不会到来，或者会不会提前到来。

德国科学家预测，全球气候变暖将改变海湾暖流的流向，从而导致欧洲出现区域性冰期，这一冰期的到来就是第五次冰期的开端。

另外，有专家认为，现在地球正在从“太平世界”缓慢地向强对流型转化，届时将出现强造山运动和热能向机械能转化的现象，一个新的大冰期很可能会降临地球。

我们居住的地球只有一个，到目前为止，我们还没有能力在灾难到来时逃离地球，所以我们要爱护自己的家园，为了自己，为了人类的子孙。

地球悬疑录 Earth

冰期

冰期是指地球气候寒冷，降雪量增加，高纬度地区的冰盖向中、低纬度地区伸展，冰川覆盖大陆，整个地球就像被巨大的冰盖笼罩住一样。

猜想5000万年后的地球

5000万年后地球的主人是谁?
5000万年后人类还存在吗?

5000万年后，地球将由鼠类主宰?

人类在享受现代工业文明带来的舒适物质生活的同时，地球的环境却遭到了前所未有的严重破坏，人类赖以生存的自然环境已经变得越来越不适合人类生存。同时，一直伴随人类社会存在着的种族和宗教矛盾，从未得到过彻底的解决，战争的阴云一直笼罩着人类。而且在技术进步的推动下，现代和未来的战争对人类本身造成的危害更是空前巨大的。因此，对于人类的未来命运，科学家们十分悲观。为了警醒世人，科学家们为我们描述了5000万年后地球的景象。

那时，地球早已不是我们所熟知的美丽的蓝色星球，地球上气候恶劣，一片破败。人类已经从大地上绝迹，地球上沙漠遍布，气候极其干

5000万年后的地球会是蛮荒世界吗?

地球悬疑录 Earth

生命力极顽强的动物——鼠

鼠是一种生命力极其顽强的动物，它们适应环境的能力极强，在冰冷的寒带和高温的热带同样能生存下来，它们分布于除南极以外的世界各地。

燥。这是一个多数生物难以生存的环境。但是那些适于在高温、干燥的环境中生活的鼠类动物开始出现在荒漠之中，并迅速繁殖起来。

起初，逃过劫难的鼠类慢慢适应了地球上的恶劣环境，它们艰难地在荒漠中生存、繁衍。慢慢地，它们进化成了一种只需很少水分就能在荒漠中存活的“漠鼠”。为了防止身体发热导致水分流失，它们昼伏夜出，避免见到太阳。它们的食物和水分都是通过植物的种子获得的。

经过漫长的岁月变迁，荒漠长出了植物，变成了草原；热带地区也出现了雨林；不同纬度的地区都长出了各具特色的森林。不知经过多少个寒来暑往，四季交替，地球上重新变得生机勃勃了。

同时，适应力超强的漠鼠们也逐渐出现在地球上的各个角落，它们开辟着独特的进化之路。海洋中，巨大的“鲨鼠”称霸一方，就像5000万年前的鲨鱼一样，纵横于各个大洋。它们在陆地上的近亲，则称霸着陆地世界……

以上当然是人们的幻想，5000万年后的地球不一定会是这样。地球的未来命运，已经操纵在人类的手中，只要人类能爱护环境，那么地球未来的命运就可能会改写。

地球会不会灭亡

宇宙会发生大爆炸吗？
人类该如何逃避劫难？

不断膨胀的宇宙

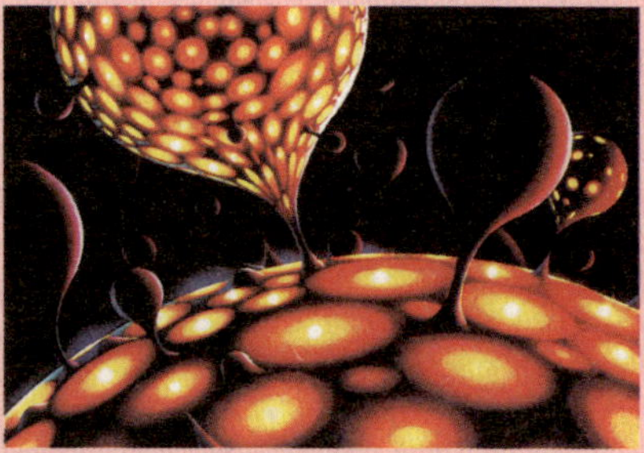

地球会灭亡吗？这个问题是科学家们一直以来争论不休的热点话题。有的科学家认为，如果宇宙按现在的速度不断膨胀，那么它将在220亿年后发生大爆炸，那时银河系的所有行星都将在瞬间被毁灭。

持反对观点的人则认为，宇宙大爆炸只是宇宙空间的无限膨胀，并且星系之间的距离由于宇宙空间的膨胀将变得无限遥远，因此地球不会因宇宙大爆炸而灭亡。

争论还没有停止，有的科学家却已经在考虑逃避劫难的办法了。比如：在宇宙空间创建可居住的安全岛，或是迁徙到另一个星系。其实，人类对宇宙的认识才刚刚开始，因此现在还不能断定地球究竟会不会灭亡。要想知道正确的结论，还有待科学家们的进一步研究、探索。

宇宙会发生大爆炸吗？

[第二章]

广袤神奇的陆地

我们生活的地球辽阔无比，风光秀美。这里高山巍峨，盆地低洼。在高山之上，在丛林之间……地球上蕴藏着无尽的秘密。大地究竟来自何处？大陆漂移的动力来自哪里？为何南极陨石多？北纬30° 为何有众多的自然谜团？黄土高原如何形成？天然录放机是怎么回事？神石为什么能自动升空？……真可谓抬头皆是神秘，俯首暗含玄机。让我们一起开始探索之旅，共同探求地球陆地的秘密。

大地究竟来自何处

初生的地球是什么模样的？
是什么造就了大地？

古往今来，人们曾经一次次地被广袤无垠的大地、层峦叠嶂的高山、花香醉人的幽谷所打动。壮美山川激起人们豪情的同时也会带来一个大大的疑问——大地是怎么形成的？

大地在发育的过程中常会发生断层现象。

有些科学家为我们描绘了这样一幅景象：大约50亿年前，初生的地球模样十分恐怖，漫天乌云滚滚，雷电交加。地球表面烈焰翻腾，炽热耀眼的岩浆四处横流，此时的地球就像神话传说中的炼狱一般。由于岩浆中的组成物质很复杂，时间长了，比较轻的硅铝物质逐渐浮于比较重的硅镁物质之上，慢慢冷却后就形成了早期的地壳。随着地球温度的降低，空气中的水蒸气渐渐凝结，化成倾盆大雨降落地表。降水不断汇聚到低洼的地方，从而形成了早期的海洋。海面以上的部分就是早期的陆地。这是一些科学家根据已知的研究成果做出的关于大地起源的猜测。事实是否如此，人们不得而知。

大地是怎样形成的？

有些科学家则认为，大地是由于频繁的地质活动造成的。他们发

青藏高原的地质活动非常活跃。

现，地壳的平均厚度只有33千米，与2000多千米厚的地幔相比简直就是微不足道。而且地壳的厚度并不均匀，例如：中国的青藏高原是地质活动最活跃的地方，那里的地壳非常厚，最厚的地方可达70千米，而陆地上地质活动比较频繁的其他地方的地壳也很厚，可见大地就是在地质活动中“生长”出来的。

此外，还有些科学家认为，大地诞生于大洋中脊及其横向断裂带。在大西洋赤道附近，众多横向大洋中脊部分的顶部尽管距离海平面近千米，却覆盖着大量包含浅水钙质沉积物的石灰岩，这是因为它们在1000万年前到300万年前还是海平面上的小岛，只是由于大洋两侧的陆地不断生长，它们才以每年约0.3毫米的速度往下沉。科学家们还通过对海底生物DNA的化验发现，那里的生物形态是最原始的。

上述一切是否意味着，地球生命的形成是伴随着大地的形成一起发生的呢？由于我们现在的能力有限，无法从地球内部获知更多的信息，因此大地起源之谜必将继续困扰着我们。

有人认为，大地是通过频繁的地质活动逐渐形成的。

大陆漂移的动力之谜

是地幔物质推动了大陆漂移吗？
大陆漂移的动力来自太阳吗？

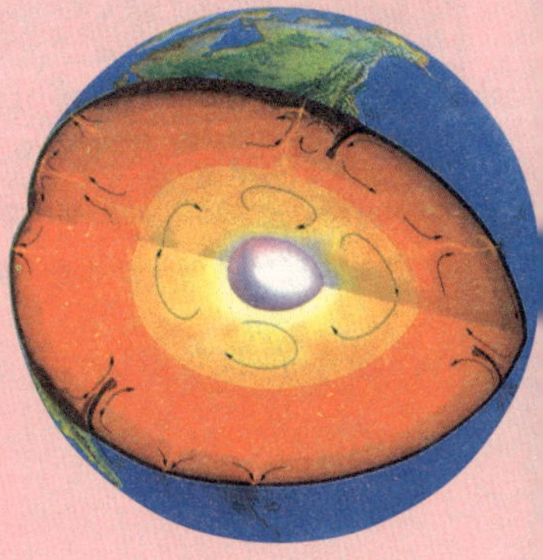

地幔物质的对流运动

板块构造理论自问世以来，虽然成功地解释了地质学上的诸多问题，但针对它的各种争议也不断出现。特别是对于大陆漂移的动力来源问题，科学家们更是争论不休。

有的科学家认为，地核是地球中温度极高且极不平静的区域，其外核的温度之高足以媲美太阳表面。如此高的温度使得与地核相邻的地幔物质呈塑性状态。而在相对温度存在差异的地幔层，塑性的地幔物质在热量交换的作用下开始产生对流。这种地幔物质的对流作用在地壳岩石圈相对薄弱的大洋深处时，便会造成海底岩石的不断更新。新的岩石在大洋中脊的火山作用下不断产生，旧的岩石被挤压到与大陆相邻的海沟中，最终被地幔物质所

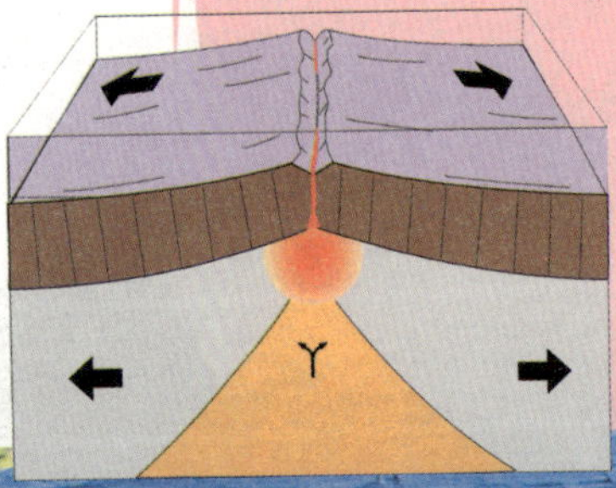

板块扩张示意图

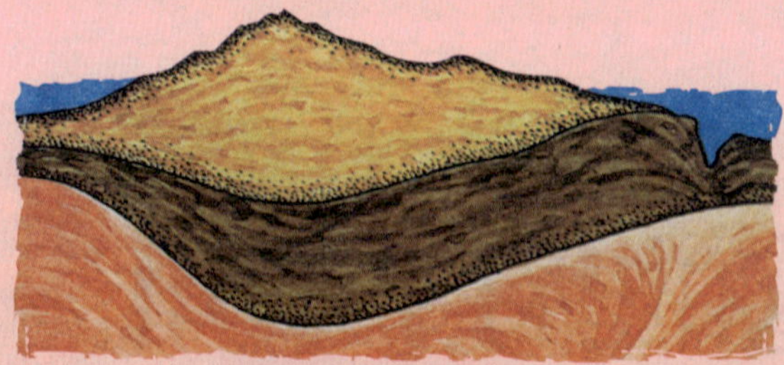

大陆漂移示意图

融化。大洋的这种更新运动同时也推动着大陆板块的移动，并在其边缘形成高山和峡谷。

有的科学家则认为，是太阳给大陆的漂移提供了动力。20世纪60年代，美国科学家发现了一种来自太阳的微小粒子“中微子”，它不带电，可以自由地穿过地球而不与任何物质发生反应。一部分中微子在穿过地球时被地幔所吸收，其释放出来的能量使这一区域的物质熔融，形成了具有流动性的软流层。大陆坚硬的岩石板块由于密度没有地幔物质高，所以就漂浮在这一软流层上面。同时地幔中的巨大能量导致地幔不断膨胀，在膨胀的压力下，软流层做水平的移动，从而使附着在岩石板块上的大陆板块一起移动。

还有的科学家认为，地球的磁场是大陆漂移的动力。他们认为质量只占地球总质量2.6‰的地壳由于和具有流动性的地幔不是一个整体，所以在地球的旋转过程中地壳与地球的其他部分必然有一个速度差，天长日久，这个差异会越来越大，这样就会导致地球磁场的位置发生变化。正是这种变化促使地壳做调心式旋转运动，由此造成了大陆漂移。

引起大陆漂移的动力究竟是什么？相信随着科学技术的发展，我们一定能找到正确的答案。

地球悬疑录 Earth

板块构造学说

板块构造学说将地球分为六大板块：太平洋板块、欧亚板块、非洲板块、美洲板块、南极洲板块和印度－澳大利亚板块，支持该学说的人相信这些板块在地幔软流层上移动。

谜团重重的南极洲

人迹罕至的南极洲为何会出现臭氧空洞？
绿色的冰川是怎么形成的？

南极洲是地球上最冷的地方，大陆内部的年平均气温在−60℃～−40℃。可见，南极洲是地球上最不适合人类居住的不毛之地，那里也是至今唯一一块未被人类开发的净土。

但是在20世纪80年代末，日本和英国的科学家先后发现，春季南极洲的大气臭氧量与10年前相比减少了30%～40%，随后美国科学家用卫星资料证实了这一结论。与全球其他地区的臭氧量相比，南极洲上空的臭氧层因为过于稀薄，就像出现了一个“洞”，因此人们形象地称它为“臭氧空洞”。众所周知，臭氧

寒冷的南极洲

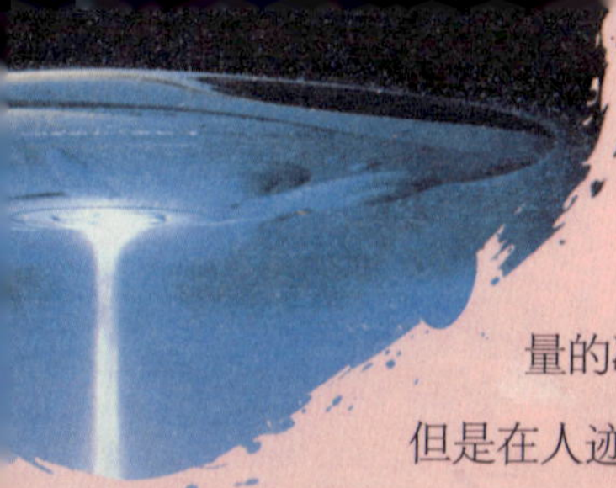

量的减少是工业污染和环境恶化导致的，但是在人迹罕至的南极洲，污染从何处而来？这简直令人匪夷所思。

有人认为，南极洲上空臭氧空洞的出现，是外星人从地球外对地球进行科学考察的结果。这种说法的依据是，据说南极洲是地球上目击飞碟现象最频繁的地区，设置在南极洲的各国科学考察基地均有多项飞碟目击报告记录在案。

还有人认为，破坏臭氧层的罪魁祸首主要是氟利昂。在人类聚居的北半球，由于大量生产和使用氟利昂，使这种自然界并不存在的人造气体被大量排放到大气层中。大气环流携带着北半球散发的氟利昂，不断地流向南极地区。当氟利昂上升到平流层时，会在强烈的紫外线作用下分解。含氯的氟利昂分子会离解出氯原子，然后同臭氧发生连锁反应，不断地破坏臭氧分子，因此造成了南极洲上空的臭氧空洞。

地球悬疑录 Earth

南极洲奇观——极昼与极夜

在南极，人们会看到半年是白天、半年是黑夜的奇特景象，即极昼与极夜。这种现象是地球在围绕太阳转动时，有6个月的时间极地朝向太阳，6个月的时间极地背向太阳造成的。

除了臭氧空洞，科学家还在南极洲发现了面积为25万平方千米的淡水湖泊。如此大面积的淡水湖泊在滴水成冰的南极洲存在，实在令人费解。而在南极洲附近航行的船员们时常能看到一些绿色的冰川。有的地理学家称，冰川里含有淡黄色的生物体，在蔚蓝的大海背景下，经太阳照射便呈现绿色。事实果真如此吗？

南极洲真是个迷雾重重的地方，要想解开这些谜团，还有待于人们进一步探索、研究。

为何南极陨石多

南极为什么被称为“陨石之乡”？
是密集的磁力线吸引了陨石吗？

降落在地球上的陨石大多是在南极发现的。

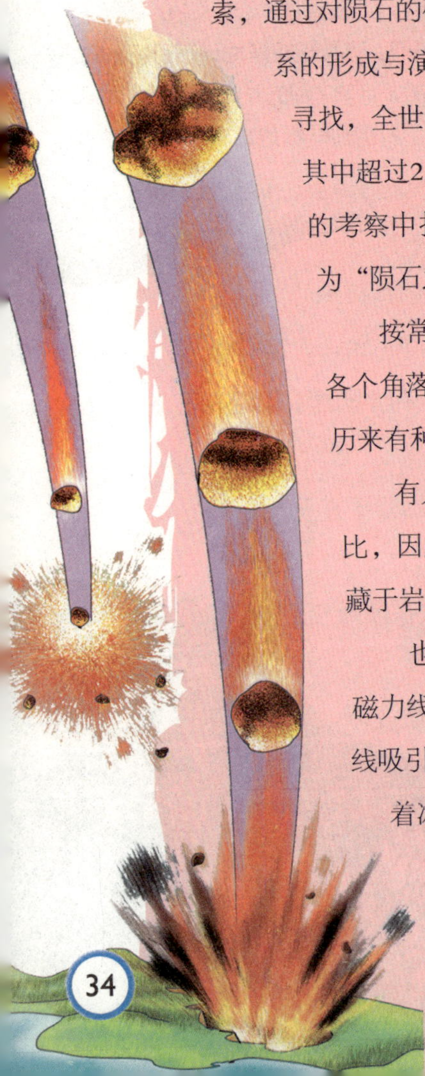

陨石是人们研究早期太阳系的重要线索，通过对陨石的研究，人们可以获得太阳系的形成与演化的重要信息。陨石很难寻找，全世界目前仅发现数万块陨石，其中超过2/3的陨石都是人们在南极的考察中找到的，因此南极又被称为“陨石之乡”。

按常理，陨石的降临应该是随机的，它应该分布在地球的各个角落，但是为什么南极的陨石格外多呢？关于这一谜题，历来有种种不同的说法。

有人认为，黑色的陨石与白色的冰雪背景形成强烈的对比，因此人们容易在南极发现陨石。而其他地区的陨石均隐藏于岩石、泥土或植物丛中，难以找寻。

也有人认为，南极陨石多与地球磁场有关。因为两极的磁力线比较密集，而陨石中的铁含量较高，因此容易受磁力线吸引而落至两极地区。北极因为没有大陆，陨石往往会随着冰雪的融化沉入海底，所以在辽阔的南极大陆发现大量陨石就不足为奇了。但这种说法也有不实之处，因为在南极地区发现的陨石种类繁多，并不仅仅是铁

含量高的陨石。

还有人认为，坠落到南极冰盖上的陨石常会深深地钻入冰内。南极寒冷干燥的气候使当地就像一个天然“冰库”，“冰库”里的这些陨石不易被风化，因而得以长久保存。在南极大陆曾经发现过的陨石中有两块地质年龄超过了500万年，这是其他地区所从未有过的，这一点似乎证明了这一说法。此外，南极陨石主要富集在被山区阻挡的冰雪地带，这可能是由于陨石降落到冰雪地带后，随着冰川的流动而运动。由于冰川运动的挤压作用和山脉的阻挡作用，陨石很容易被挤压至山脉表面，因此容易被人们发现。

究竟哪种说法更为合理？人们一时难以定论，因此南极陨石多的奥秘必将继续困扰着人们。

坠入地球的陨石格外“偏爱”南极。

地球悬疑录 Earth

辨认陨石的方法

燃烧的陨石坠落到地球上时，由于温度骤降，其表面会保留下空气流动的痕迹，叫“气印”。如果我们看到的石头表面有一层熔壳或气印，就可以断定这是一块陨石。

难解的北纬30°

北纬30°上有什么样的奇观绝景？
为什么灾难在北纬30°频繁发生？

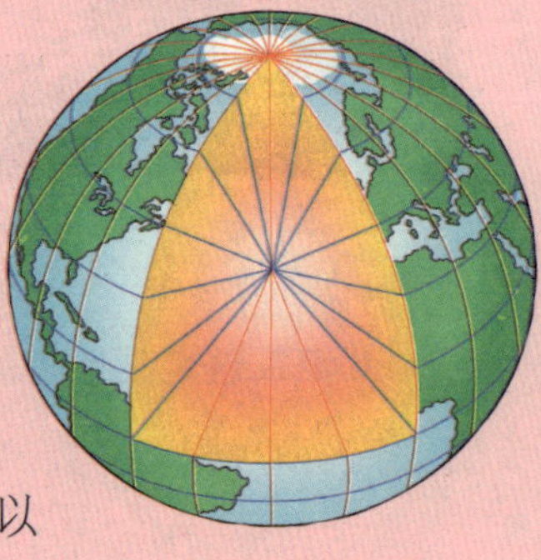

在地球北纬30°附近，人们发现了许多神秘而有趣的自然现象。比如孕育人类最早文明的河流大多集中于这一纬线上，像埃及的尼罗河、美国的密西西比河、伊拉克的幼发拉底河以及我国的长江等，均在北纬30°附近入海。

在这一纬线上，奇观绝景比比皆是，自然谜团频频发生。如地球上最高的珠穆朗玛峰和最深的西太平洋马里亚纳海沟，都在北纬30°附近；我国安徽的黄山、巴比伦的空中花园、约旦的死海、古埃及的金字塔及狮身人面像、北非撒哈拉大沙漠的“火神火种”壁画、加勒比海的百慕大群岛和远古玛雅文明遗址……北纬30°上的奇观绝景多得数不胜数。

另外，北纬30°从古至今都是灾难频发的地带，地震、火山、海难和空难等时有发生。如举世闻名的百慕大海

地球悬疑录 Earth

地球上的经纬线

经线是由南极到北极绕地球画出来的假想线，指示南北方向。纬线是地球表面上与赤道平行的假想线，指示东西方向。

位于北纬30°附近海域的沉船

域，自16世纪以来，那里已有数以百计的船只和飞机失踪；伊朗、巴基斯坦、中国、日本以及非洲中部的国家和地区，频繁发生地震的地带都在北纬30° 附近。

运行正常的飞机在进入北纬30° 后，就很有可能发生莫名其妙的空难事件。

北纬30° 为什么会成为一个怪事迭出、灾难频仍的神秘地带？种种神秘现象是偶然巧合吗？对此，科学家们做出了多种解释。有的地质学家认为，北纬30° 现象有一定的必然性。这一地区被称为“地球的脐带”，其磁场、电场、重力场对人和环境都有着微妙的影响，因此这一区域存在着世界最高峰、最深的海沟以及百慕大等现象就不足为奇了。

我国学者则利用国内传统哲学理论对北纬30° 现象提出一种玄妙的解释，他们认为，我国的“天人合一”论就能证明北纬30° 现象。我国传统医学认为人体是一个独立的小宇宙，气血运行于奇经八脉之间。如果把人当成地球的话，那么北纬30° 附近正是人体中的“丹田”。丹田是人体的经络、穴位最集中的地方，因此北纬30° 奇妙现象众多也就不难理解了。

虽然存在多种解释，但假说并不等于事实，直到现在我们也无法将难解的北纬30° 现象弄清楚。

在北纬30° ，火山爆发时有发生。

离奇的“俄勒冈旋涡”

“俄勒冈旋涡”有着怎样的吸引力？

“俄勒冈旋涡”是怎么产生的？

美国俄勒冈州的原野

据说，在美国俄勒冈州格兰特狭口外的沙甸河一带，有一座特别古旧的木屋。这座木屋盖得歪歪斜斜的，人们只要朝着木屋的方向走动，立刻就会感觉到有一股巨大的吸引力；虽然人想后退，却会感觉到有一只无形的大手在把人拉向木屋。

另外，马儿只要一靠近这座木屋周围50米的地方，就立刻吓得往回跑；鸟儿飞至这一带时，会吓得立刻往回飞。由于这里引力巨大，就像海里的巨大旋涡一样，能把靠近它的所有东西都吸进去，因此人们叫它“俄勒冈旋涡”。

科学家们做了一个实验，他们用铁链子拴上一个13千克重的铁球，把它吊在木屋的横梁上，结果这个球居然倾斜着向“旋涡”的中心晃动。这说明，“俄勒冈旋涡”的吸引力确实存在。但是，“俄勒冈旋涡”到底是一种什么样的引力？它又是怎么产生的？科学家们至今还没有找到答案。

倾斜的小木屋

违反重力定律的地带

违反重力定律的地带有什么奇异现象？
违反重力定律的地带为什么有魔力？

你想做个能飞檐走壁的“侠客”吗？在违反重力定律的神秘地带，这个梦想可以变成现实！据说，在位于美国加利福尼亚州圣塔克斯地区的茂密森林里，就有一个违反重力定律的神秘地带。在这里，所有的树木全都朝一个方向大幅度倾斜着。如果走进这片森林，你的身子也会不知不觉地倾斜，即使憋足了劲也没有用。

圣塔克斯地区覆盖冰雪的植物

神秘地带的中心有一座简陋的木屋，人们一走进屋内，不用扶持就能稳稳当当地从木屋的墙壁走到天花板上，犹如身怀飞檐走壁绝技的武林高手。

在小木屋中，凡是悬挂的东西，都无法与地面形成直角，而总是处于倾斜状态，甚至连从空中落下来的物体，也不管什么重力定律，总是斜斜地掉下来。

神秘地带发生的种种奇异现象，都是违反重力定律的。这里为何存在如此奇异的现象？至今无人能解答。

从表面上看，神秘地带的景象与这里并无二致。

芳香大地之谜

土地为什么能散发香气？
香味为什么会发生变化？

哺育万物成长的大地看似平凡，可是只要你细心观察，就会找到很多不平凡之处。在我国湖南省洞口县，就有个幸运的农民发现了这么一块馥郁芬芳的土地。

这块土地静静地藏在一个小山腰上，在大约50平方米的范围内默默地散发着芳香。据当地人介绍，这块土地被称为“神仙香地”，一年四季都能散发香气。曾有人想挖地探寻秘密，却一无所获。这里的香气还会随着气温的变化而变化，早晨露水未干时特别香，骄阳如火的正午微香，黄昏或雨后天晴时香味会渐渐变浓，这时候的香又是另一种妙趣。

神奇的香地在吸引大批旅游者的同时，还引来了有关专家。专家们推测这块土地的下面可能含有某种独特的微量元素，这种元素与空气共同作用产生了某种能散发香味的气体，时间和天气的变化会影响该元素的强弱，所以有了香味浓淡的改变。那么，这块奇妙的香地是如何形成的？如果香气与某种微量元素有关，又会是一种什么样的元素？目前还很难说得清。

“神仙香地”藏身于群山之中。

冬暖夏凉之地

冬暖夏凉之地在什么地方？
“地温异常带”为何能违反自然规律？

每当寒冬腊月或酷热盛夏到来时，人们总爱幻想能有个冬暖夏凉之地。虽然四季的变换是无法改变的自然规律，但是世界如此之大，无奇不有，地球上竟有一部分幸运的人居住在冬暖夏凉的地方。这一罕见的地带总长约15千米，位于我国辽宁省东部的桓仁满族自治县，人们称那里为“地温异常带”。

当夏天到来时，“地温异常带”的地下温度便开始逐渐下降。人们铲掉地面的表土层后，岩石的空隙里会不断地冒出阵阵寒气，那里的气温仅为-2℃左右。在地下1米深处，温度竟为-12℃，达到了滴水成冰的程度。

“地温异常带”的成因与热井不同，还有待于进一步探索。

立秋后，“地温异常带”的气温开始逐渐上升。到了隆冬时节，临近的地方朔风凛冽，大地已经封冻，而“地温异常带”却热气腾腾，好像温室一样。

这种奇怪的现象引起了有关部门的重视，专家纷纷前来考察。有人认为这里的地下有寒热两条储气带同时释放气流，遇寒则放出热气，遇热则放出冷气。还有人认为，这里的地下储气带上方有一特殊的阀门，冬春自动开闭，从而导致冬暖夏凉现象的产生。但这些分析只是推测而已，“地温异常带”的成因还需要科学工作者进一步考证。

能发声的“鸡娃地”

“鸡娃地”为何能发出鸡叫的声音？
为什么只有掌声才能引发鸡叫的声音？

在我国河南省登封市以北有一块被人称为“鸡娃地”的地段，如果在这里用力鼓掌，就会听到小鸡“叽叽”的叫声，并且这种声音受掌声控制：掌声大，“叽”声也大；掌声紧凑，“叽”声也随之紧凑。

更离奇的是，这种回声具有选择性：如果在这里喊叫，并不能听到回声，只有掌声才会有回声。当地一些年过古稀的老人说，他们小时就知道这块神奇的鸡娃地，不过那时是块空地。现在，鸡娃地的两侧已修建了房屋、院舍，但酷似鸡叫的回声依然如故。难道这里的环境对声波的反射有选择吗？鸡娃地的回声为什么与声源不同呢？酷似鸡叫的声音是什么东西发出来的？这些问题如果用简单的声波反射来解释似乎很牵强，也没有说服力。鸡娃地鸡叫之谜还有待人们进一步探索。

难道是鸡娃地周围的山谷将鸡叫声记录下来了吗？

陆地“魔区”

兰新公路

谁是陆地“魔区”车祸事件的罪魁祸首？
为什么陆地“魔区”在世界各地屡见不鲜？

“死亡”是司机们最不愿意提及的词语，但如果不巧的话，他们还真会行驶到陆地“魔区”。

1990年，位于俄罗斯贝加尔湖畔的贝加尔镇，接连发生了数十起重大车祸，这在该镇历史上从未有过。一位幸存的货车驾驶员说，当他驾车经过该镇时，竟莫名其妙地出现了幻觉。接着，他发现方向盘失灵，汽车被一种无形的力量牵引着，随后与另一辆同样“失控”的轿车相撞，酿成惨剧。同年深秋，一队货车经过此地时就像有人指挥似的，一起倒开了近3分钟。有批美国专家接受邀请前来调查，他们称，确实在这里发现了诸多怪现象，但都无法给出合理的解释。

当然，并非所有的陆地“魔区”都是不解之谜。1929年夏末，德国不来梅和海文之间的新公路开通了。然而，在一年时间内，先后有100

有些公路上的翻车事件很可能与地磁场异常有关。

曲折的道路极易诱发车祸。

“魔区”内的公路

多辆汽车因为受到神秘力量的牵引，撞向该公路239千米处的路标。后来，当地一位探矿师卡尔·威尔揭开了谜底。他指出，神秘力量来自地下泉所产生的强大磁场。随后，卡尔·威尔在239千米处的路标下埋了一个装满星状小铁片的匣子，从此这里的车祸便绝迹了。

在中国，同样存在类似的死亡“魔区”，它位于兰州至新疆的兰新公路430千米处。好端端的、正常运行的汽车，行驶到这里就会发生翻车事故，而且搞不清翻车的原因。这里每年至少发生这样的事故十几起，多则二三十起。尽管司机们行驶到这儿都会小心谨慎，但事故仍不断。难道是因为430千米处坡陡、路滑、崎岖狭窄吗？事实并非如此，430千米处的道路不但平坦，而且视线十分开阔。那么，如此多的车辆接连翻车，原因究竟何在？最初，有人分析可能是道路设计有问题。为此，有关部门曾多次改建这段公路，但也没能降低事故的发生频率。后来，又有人根据每次翻车都朝北的现象，推测430千米处以北可能有个大磁场，是强大的磁力造成汽车翻车。但此论点并没有找到依据。

由此看来，“魔区”的形成原因还有待于人们的进一步研究。

地球悬疑录 Earth

神秘的地磁异常

地磁异常是指磁性体产生的磁场叠加在地球磁场上引起的地磁场畸变。自然界的物质具有不同的磁性，可以产生不同的磁场，一些特殊物体可使地球磁场在局部地区发生变化，出现异常。

探秘巨人之路

巨人之路是自然天成的吗？
为何巨人之路上的石柱排列得如此整齐？

在英国北爱尔兰安特里姆平原边缘的岬角，沿着海岸悬崖的山脚下，有4万多根大小均匀的玄武岩石柱聚集成一条绵延数千米的堤道，人们称之为“巨人之路”。

关于巨人之路的由来主要有三种说法。在爱尔兰的传说中，巨人之路是由爱尔兰巨人芬·麦库尔建造的。他把一根根石柱运到海底，这样就能走到苏格兰去与对手交战。在另一种说法中，巨人之路是苏格兰人修建的，他们由此越过爱尔兰海来学习爱尔兰人的硫酸炼金术。地质学家则认为，大约5000万年前，不列颠群岛的火山活动强烈，玄武岩熔岩从地壳的裂隙中涌出，遇到海水后迅速冷却成固态的玄武岩。熔岩在凝固的过程中发生了爆裂，于是就形成了一根根六棱形石柱。

但是，这条石柱堤道的形态为什么能够如此完整？是不是还有其他自然力的作用？人们一时难以定论。

巨人之路的石柱林

诡异的“魔鬼城”

魔鬼城是大自然的杰作吗？
魔鬼城为什么酷似一座城堡？

魔鬼城一片沉寂。

据说，在我国新疆准噶尔盆地的西北边缘，有一块弥漫着诡异和神秘气息的土地，没有人了解它的过去和现在。在人们眼中，这里是恐怖的死亡地带，当地人把它称为“魔鬼城”，又称“乌尔禾风城”。

这里之所以被称为“魔鬼城”，不仅因为它特殊的地貌如同魔鬼般狰狞，而且源于狂风刮过此地时发出的声音犹如鬼叫般令人毛骨悚然，惊恐不安。魔鬼城地处风口，每当风起时便天昏地暗，飞沙走石。人们能听到整个魔鬼城一片鬼哭狼嚎，令人心惊胆战。若在月光惨淡的夜晚，魔鬼城四处静寂阴森，怪影迷离，情形更为恐怖。长期以来，总有

地球悬疑录 Earth

新疆的魔鬼城

新疆被称为魔鬼城的地方有好几处，大多处于戈壁之中，其中较著名的有4座，即乌尔禾魔鬼城、奇台魔鬼城、克孜尔魔鬼城和哈密魔鬼城。

人有意无意间进入那片戈壁，时有遇险和死亡的事件发生。

魔鬼城内有许多千奇百怪的岩石和大大小小的洞穴。有的岩石似人似物的造型千奇百怪，令人浮想联翩。在起伏的山坡上，到处散落着血红、湛蓝、洁白、橙黄的各色石子，宛如魔女遗珠，给这里增添了几许神秘色彩。

其实，魔鬼城最像城的部分是一座绵延1000多米长的小山，山体岩层错落有致，酷似一排排门窗，极像古代城堡。最神奇的还是它的左侧，耸立着一大一小既像古塔又像门楼的巨岩，其酷似人工建筑的逼真程度令人惊叹不已。

夕阳下的魔鬼城奇石丛生，更显诡异。

有人说，魔鬼城是大自然鬼斧神工的杰作。千百万年前，由于地壳的运动，这里形成了一些沙岩结构的山体，其中较为松软的岩石在风雨的剥蚀下，便形成了千奇百怪的形状。还有人说，魔鬼城是古代文明的遗址，其依据是这里距丝绸之路并不遥远，因此是文明遗迹的可能性很大。

如今，神秘的魔鬼城依然静穆在茫茫戈壁中，可是谁又能断定它的秘密就此终结了呢？

魔鬼城里裸露的岩石奇形怪状。

黑竹沟吞噬生灵之谜

黑竹沟里有什么怪物？

进入黑竹沟里的人是怎么失踪的？

据说，位于我国四川盆地西南的小凉山北坡的黑竹沟，是一个令世人望而却步的恐怖地带。黑竹沟古木参天，箭竹丛生，一道清泉奔泻而出。传说这里藏着一位山神，他能吐出阵阵毒雾，把闯进来的人畜卷走。传说不足以让人信服，但现实中发生的一桩桩奇事却是真实的。1950年初，国民党胡宗南部队的半个连仗着武器精良，准备穿越黑竹沟逃窜。谁知进沟后，一个人也没出来。

1955年6月，中国人民解放军某测绘部队的两名战士，取道黑竹沟运粮，结果神秘失踪了。另外，川南林业局、四川省林业厅勘探队的队员以及彝族同胞也曾多次在黑竹沟遇险，失踪的事件时有发生。黑竹沟里藏着什么怪物？进入黑竹沟的人究竟是怎样失踪的？谁也不能解答。

很多人只敢在黑竹沟外游览观光，却不敢涉足其中。

巨菜谷 为何蔬菜巨大

巨菜谷里的蔬菜是特殊品种吗？
是什么刺激了植物的生长？

▲ 巨大的蔬菜

美国阿拉斯加州安哥罗东北部的麦坦纳加山谷和俄罗斯濒临太平洋的库页岛，是两个神奇的地方，那里的蔬菜长得硕大异常，土豆大如篮球，一个白萝卜就超过20千克，豌豆和大豆会长到2米高，因此这两个地方被人们称为“巨菜谷”。

为什么巨菜谷里的蔬菜长得如此巨大？有人认为那里种的是一些特殊品种的蔬菜。但经研究发现，这些巨大的植物并不是什么特殊品种，就是普通的植物。人们还发现，如果将外地蔬菜移植过来，经过几代的繁衍，在巨菜谷里都会长得异常高大。

有人认为，巨菜谷蔬菜长得巨大是因为那里处于高纬度地带，夏季日照时间长，昼夜温差大。然而在位于同纬度的其他地方，人们却没有见过如此高大的同类植物。也有人认为，也许是巨菜谷土质肥沃，或者是土里有什么刺激植物生长的特别物质，但化验结果却提供不出可以证明这里土质特殊的资料和数据。巨菜谷里的蔬菜为何长得巨大，至今也没有人能说得清。

行踪不定的幽灵岛

幽灵岛为何时隐时现？
幽灵岛是泥沙堆积而成的吗？

在茫茫的大海上，有一些奇怪的岛屿。它们的行迹诡秘，时隐时现，这就是被人们称为“幽灵岛”的奇怪岛屿。1831年7月10日，一艘意大利船只行驶在地中海西西里岛西南方的海上时，船员们看见海面上突然涌起一股直径大约200米、高20多米的水柱。转眼之间这股水柱就变成了一团烟雾弥漫的蒸汽，然后升到近600米的高空，并在整个海面上扩散开来。船员们从未见过如此景观，全都惊得目瞪口呆。

8天以后，当这艘船返回时，船员们发现这儿出现了一个以前从未有过的小岛。小岛冒着浓烟，许多红褐色的多孔浮石和大量的死鱼漂浮在四周的海水中。以后的10多天里，小岛不断地“长个儿”，由4米长到60多米高，周长扩展到4.8千米。

奇怪的是，两个月后，小岛又在人们的视野中消失了。在以后的岁月中，它又在同一位置多

海洋上的神秘岛屿

海洋上的浮冰

次出现，但很快又隐藏起来。类似这种岛屿忽隐忽现的现象，在地中海、太平洋海域及北冰洋均发生过。

对幽灵岛的形成，科学家们用现在已知的理论，还无法给出合理的解释，只是做了一些推测。有人认为，幽灵岛下面有浮冰，因此它能在大海里时隐时现。有人推测，幽灵岛下有巨大的暗河，河流带来大量的泥沙在海底越积越高，直至升出海面，形成泥沙岛。在汹涌的河流冲击下，泥沙岛因被冲垮而消失。还有人认为，幽灵岛的隐现是海底的强烈地震与海啸造成的。到目前为止，人们还没有找到颇具说服力的解释。

地球悬疑录 Earth

南太平洋上的幽灵岛

1943年，日军发现南太平洋上有一个无人居住的海岛。不料一个多月后，海岛竟然消失了。战后，日本、美国派出大型考察船前来搜索，结果一无所获。

海洋上有很多会不定期失踪的小岛。

西沙群岛形成之谜

珊瑚岛是由珊瑚虫堆积起来的吗？
石岛的沉积岩年龄为何越往上越老？

在我国南海的中北部，有数不清的岛屿像朵朵莲花般漂浮在美丽纯净的热带海域中，这里就是令人神往而又神秘的西沙群岛。

在西沙群岛海域，分布着大量的珊瑚岛。关于珊瑚岛的形成，目前比较权威的说法是，珊瑚岛全部是由珊瑚虫“盖”起来的。生活在热带、亚热带的珊瑚虫有着独特的生存方式，它们体格柔软脆弱，为了保护自己，珊瑚虫会分泌一种钙质为自己建造一个栖身之所。珊瑚虫死亡后，它们的后代便会在祖先的“房子”上继续修筑自己的“房子”，日积月累，从海底直至海面，珊瑚岛便形成了。

可实际上珊瑚岛的形成真的是这么简单吗？科学家们发现，珊瑚虫的最佳生存环境是深度在60米以内的海域，可西沙群岛的周边海域水深常达几百米甚至上千米。在这么深的海水中，珊瑚岛又是怎么形成的呢？

有人认为，珊瑚岛是在远古大冰期形成的。

珊瑚的形成需要漫长的时间。

大多数科学家认为，是冰川造就了这些岛屿。一座珊瑚岛的形成并非是一朝一夕的事情，需要经过漫长的岁月一座小岛才能浮出水面。地球大冰期从开始到消退的过程使全球的海平面也发生着变化，而海面的这种缓慢的升降过程正好为珊瑚的生长提供了时间，因此西沙群岛存在深海珊瑚岛也就不足为奇了。

不过西沙群岛的秘密并不只限于珊瑚岛，在西沙群岛上还有一个方圆只有几百米，被人称为“石岛”的小岛。地质学家来此考察的时候惊奇地发现石岛的年龄远比周围其他岛屿要长。它的年龄在12000～24000岁。石岛由坚硬的层状生物砂岩组成。一般的层状生物砂岩的底部比上部年代更久一些，石岛却截然相反，其底部砂岩年轻，越往上越老。这种独特的结构又是怎样形成的呢？科学家们也曾对此提出了几种假说，但是到目前为止还没有一种说法能令人信服。

地球悬疑录 Earth

西沙群岛的历史与现状

西沙群岛是由45座岛屿、礁、沙滩、沙洲等组成的群岛。这里自古以来就是中国的领土，是南海航线的必经之路。海南建省后，西沙群岛划属海南省管辖。

西沙群岛上的海滩

择捉岛上的秘密

择捉岛上的鱼为什么不怕高温？
火山口为何有刻着神秘符号的怪石？

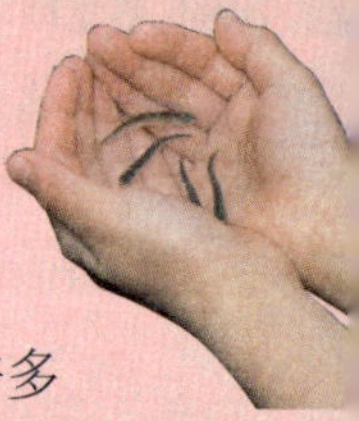

择捉岛是位于太平洋西北部的神秘岛屿，那里存在着许多奇异的现象。一位法国探险家曾在择捉岛附近翻了船，狼狈不堪地游到了这个小岛上。饥饿难耐的他只想找点东西吃，结果在一个水洼里发现了几条僵硬的小鱼。他赶快支起锅灶，煮起鱼来。可令人惊讶的是，在水温50℃～60℃时，小鱼居然活了过来，在热腾腾的水里游来游去。这些鱼为何在高温下表现出旺盛的生命力？它们来自何方？

带着疑问，法国探险家往岛屿深处走去。结果，他看见了一座死火山。在火山口附近，他发现了好多奇怪的石头。这些石头不仅个头巨大，而且还雕刻着各种花纹、符号及飞鸟等图案，像是蕴涵着某种神秘的意义。

夜幕下的择捉岛

探险家的发现令人困惑不解，那些僵硬的小鱼为何能在50℃～60℃的水温中存活？那些被雕刻在怪石上的神秘图案究竟是何人所为？人们至今还没有找到答案。

怪异的骷髅海岸

船只为何在骷髅海岸频繁失事？
岛上浓重的大雾是如何形成的？

骷髅海岸是一大片金色的沙丘。

在纳米布沙漠和大西洋冷水域之间，明媚的阳光下有一片美丽的金色海岸。可一旦狂风刮起，这片海岸便马上露出了狰狞的面目，天地间顿时变得昏暗，大雾从海面上滚滚而来。

这里就是位于非洲西南部著名的骷髅海岸。在它500千米长的海滩上散落着数不清的各种船只的残骸，半埋于沙丘中的人类骸骨随处可见。他们不是死于船只失事的船员，就是迷失在浓雾中的探险家。有幸逃生至海岸的船员又往往由于烈日的暴晒或被沙暴吞噬而丢掉性命。因此这里一向为航海家们所忌，骷髅海岸因此得名。

船只为何在骷髅海岸频繁失事？浓重的大雾是如何形成的？对此人们众说纷纭，至今仍无定论。

荒凉的海岸

揭秘东非大裂谷的未来

东非大裂谷为什么不断扩张？
东非大裂谷最终会撕裂成什么模样？

这是从卫星上拍摄到的东非大裂谷的北段。

如果从太空中俯视地球，我们会发现在非洲的东部有一条绵延6000多千米的深谷，这就是著名的东非大裂谷。从近处观察，人们更是赞叹大自然的鬼斧神工。大裂谷两侧是陡峭险峻的岩壁，从顶部到谷底最深处达2000米，可谓深不见底。

至于大裂谷的成因，有研究者认为是源于3000多万年前非洲板块的地壳断裂。当时的东非由于地幔物质上升而逐渐形成高原，赤道上的雪峰乞力马扎罗山就是在那时开始形成的。同时，非洲东部所处的板块非常脆弱，在地幔物质上升的过程中，当地的地壳承受不住巨大的抬

地球悬疑录 Earth

东非大裂谷

东非大裂谷是地球上最大的断裂带，总长度约6000千米，总面积500多万平方千米，约占非洲面积的1/6。从卫星照片上看，东非大裂谷犹如地球上的一道巨大的伤疤。

乞力马扎罗山

升力而发生了断裂。

虽然科学家猜测的这种剧烈的地质运动发生在远古时代，但在今天，通过探测，人们发现东非大裂谷地区的地质活动仍很活跃，这个地球的伤疤仍在继续撕裂着。那么，这种撕裂行为将在什么时候停下来？东非大裂谷最终将会撕裂成什么模样？科学家们对此争论不休。

东非大裂谷

英国物理学家蒂姆·赖特认为，根据卫星多年的探测，东非大裂谷的分裂过程不会停止，100万年后的东非大裂谷已经不再是陆地上的裂谷了，它会成为东非海峡而彻底地将非洲东部的和恩角从非洲大陆分离出去。届时，非洲的东北部将形成地球上第八大洲——东非洲。

持反对意见的人却认为，东非大裂谷是由于地壳的沉降形成的，东非大裂谷不过是目前的地壳沉降区而已。在沉降的过程中，东非大裂谷会接受大量的地幔物质，因此将来也可能转向上升运动。届时，东非大裂谷不但会停止分裂，而且还将向弥合的趋势发展。

东非大裂谷未来的命运究竟如何？也许人类只有拭目以待。

探寻钻石谷

钻石是怎么形成的？
钻石谷真的存在吗？

钻石在我国古代被称为金刚石，因为其硬可攻玉，常常被当成玉石或瓷器的加工工具，所以后来渐渐就被称为“钻石”了。上品钻石价值连城，一向是富豪和贵族们的追逐目标。

天然钻石之所以珍贵，是因为它在世间极为难得。现在发现年代最久远的钻石已经有45亿年的历史，这说明它在地球形成之初便已开始在地球深处结晶。钻石的形成需要极高温、极高压的苛刻环境，而且其形成过程也是十分漫长的。

人们在地下开采宝石矿。

据统计，人类在几千年的历史中找到的钻石总量不过130吨左右。而随着人类文明的进步，开采技术越来越高，到目前为止全世界的钻石产量为每年7吨。即使这样的产量也是在挖出的7亿吨的矿石中筛选出来的，其稀有程度由此可见一斑。

但世界上有没有一个地方遍地都是钻石，就像普通石头一样俯拾皆是呢？公元1世纪时，罗马哲学家佩尼在其著作《自然界历史》中记载了这样一件事：在公元前350年的印度战役

钻石因其难得而倍加珍贵。

中，亚历山大大帝曾经在一个毒蛇遍布的深谷中发现了大量的钻石，但是钻石谷中的毒蛇好像在受命守护着这些珍宝，人一旦接近便用它们恶毒的目光将取石者“杀死”于数步之外。因此，亚历山大大帝命令士兵用镜子将毒蛇的目光反射回去，杀死了这些毒蛇。之后，亚历山大大帝的军队顺利地通过钻石谷并满载而归。此外，阿拉伯《天方夜谭》中的辛巴达航海神话也提到了钻石谷。还有《马可·波罗游记》中也出现过类似的记载。那么，地球上果真有钻石谷吗？这些文学作品和传说是不是暗示着地球上真的存在这样的地方呢？

有人认为，钻石谷只不过是贪婪成性的人类为满足自私的幻想而杜撰出来的。也有人认为，由于火山爆发，藏在地球深处的大量钻石有可能被岩浆带到地球的表面。滚烫的岩浆在地表上冷却后，形成大量包裹钻石的金伯利岩或钾镁煌斑岩。这些岩石在长时间风吹雨打等风化作用下，大量的钻石逐渐从石层包裹中脱离出来，经过雨水的搬运，最终聚集在河床上，从而形成钻石谷。事实果真如此吗？目前无人能解答。

地球悬疑录 Earth

钻石为何往往与毒蛇同在

人们认为，钻石在受到光线的照射后会发光，这些光引来了许多有趋光性的昆虫，昆虫又引来大量的青蛙。由于有了大量的食物，毒蛇自然就被吸引到这里来了。

能杀生的死亡谷

将人吸入死亡谷里的引力从何而来？
是死亡谷的毒气夺走了人的性命吗？

提起死亡谷，人们往往闻之色变。那是笼罩着死亡气息的地带，许多人来了就没能走出去，留下的只是累累白骨和谜一般的沉默。

世界上以死亡谷而闻名的峡谷还不少，据说在美国加利福尼亚州和内华达州接壤处的群山中，就隐藏着这么一个恐怖的峡谷。这里的死亡谷面积达1400多平方千米，峡谷内悬崖陡峭，寸步难行，地势十分险恶。曾先后有许多人误闯进里面送了性命，连尸体都没有找到；有幸脱险，离开了此谷的，事后也都死得不明不白。可就在这样一个虐杀人类的残酷山谷里，却幸福地生活着上千种鸟类、大量的爬行动物及野驴，更有数不清的昆虫和草本植物。时至今日，人们仍然不清楚这个峡谷为何对人类如此凶残，却对动物如此仁慈。

科学家详细考证了这里的地貌，发现这里因为历史上的地壳运动产

恐怖的美国加州死亡谷

生了一个大断层，但由于它被大量的沉积物所覆盖，所以不易被人发现。科学家推测，那些误入死亡谷的人踩着了沉积物而掉进了断层的深渊中，于是尸首无存。又因为死亡谷里蕴藏着丰富的矿产，有的科学家相信这里的地底一定有某种剧毒矿物质，那些不幸的人是在接近了这些有毒矿物质后中毒身亡的。真相究竟如何呢？没人知道。

爪哇岛“死亡谷”里的山洞

据说在意大利那不勒斯与瓦维尔诺湖附近，也有一个令人生畏的死亡谷，当地人将这里称为“动物的墓场”，可以想象它是在怎样吞噬着动物的生命。无论飞禽还是走兽，在这里都逃脱不了厄运，每年都有大量的动物在此丧命。然而普通人走进山谷里却安然无事。这又是怎么回事呢？意大利科学家对此也做了认真考察，只是找不出问题的关键所在。

据说印度尼西亚的爪哇岛上也有一个死亡谷，它由6个山洞组成。这些山洞的奇异之处在于它们所具有的强大引力，人类和动物在距离山洞6～7米处就能感觉到十分强大的引力，一旦被吸入洞中，就会丧命于此。有胆大的科学实验者冒着生命危险克服了引力进入洞中，他们看到了大量人类和动物的尸骨，却未能找出该洞的秘密所在。

死亡谷为何能杀生？为什么有的死亡谷会有选择地杀生？这实在让人费解。

地球悬疑录 Earth

俄罗斯的死亡谷

在俄罗斯堪察加半岛的克罗诺基山区，有个长约2000米的死亡谷。那里吞噬了无数人和野兽的生命，但是距死亡谷仅一箭之遥的村子中的人和动物却能相安无事。

酷似月球表面的峡谷

科尔卡峡谷为何像月球表面？
巨砾上的图案是谁留下的？

在秘鲁境内高耸入云的安第斯山脉，有一条鲜为人知的峡谷。这是世界上最深的峡谷，名叫科尔卡峡谷。在科尔卡峡谷上的山脉间有一条64千米长的火山谷，里面屹立着86座死火山渣堆，四周堆满凝固的黑色熔岩。这种诡异的景象，令人想起了月球表面。

蒲雅是科尔卡峡谷里唯一的植物。

在火山谷附近，有一条名为托罗穆埃尔托的沟谷，成千上万的白色巨砾散布谷内。不少石砾上刻有圆盘形物体、各种几何图形、太阳、蛇、驼羊以及头戴怪盔（像宇航员的头盔）的人。这些奇怪的图案绝非大自然的鬼斧神工能够创造出来。因此有人根据这里类似月球表面的地貌猜测，1000多年前某些曾居住在这里的游牧部族，由于在峡谷中目击有头戴怪盔的外星人出没，便创造了这些图案。难道在1000多年前，该峡谷曾经是外星人的基地？人们尚且不得而知。

科尔卡峡谷的火山谷

利雅迪“鬼谷”之谜

为什么“鬼谷”容易让人迷失方向？
为什么人们在“鬼谷”会产生幻觉？

神秘的谷地

在俄罗斯普柳斯克区的利雅迪村附近，有一块三角形谷地，当地人称之为“鬼谷”。据说，进入“鬼谷”的人常常会迷失方向，并产生奇怪的幻觉，失踪事件时有发生。

为了解开鬼谷的奥秘，俄罗斯的几名记者带上了指南针，以及一根5000米长的尼龙绳前去探秘。他们想，如果把尼龙绳拴在谷口的树上，那么即使迷路也能回到原地。但是进入“鬼谷”不久，指南针开始失灵。当他们顺着绳子回去时，却发现绳子不知什么原因断开了，而且另一头还找不着了。不知走了多久，记者们发现前方有个夏令营，还有少先队员的身影。可是当他们跑过去才发现，那里只是一块堆着木头的林中空地。最后，记者们费尽周折，终于走出“鬼谷”。

有人说，“鬼谷”里蕴藏着丰富的铁矿，所以才会出现指南针失灵的现象。但是该如何解释记者们看到的夏令营呢？这实在令人费解。

指南针在“鬼谷”会失灵。

揭秘火山爆发的内因

是地幔中的“热点”导致了火山爆发吗？
积雪可能导致火山爆发吗？

日本阿苏火山

在地球上，已知的死火山约有2000座，已发现的活火山约有5万座。火山爆发的时候惊天动地，烈焰飞腾，浓烟滚滚，场面十分壮观。那么，导致火山爆发的动力是什么呢？为了解答这个问题，科学家们进行着不懈的探索。

火山熔岩流

众所周知，人类居住在地球的地表也就是地壳上。地壳的厚度相对于6000多千米的地球半径来说非常薄，论厚度其比例远比不上鸡蛋壳或者西瓜皮，但对于人类来说，地壳却是一个无法逾越的障碍。

到目前为止，人类最深的钻井记录是上世纪80年代苏联创造的12千米，不过这个记录离我们要探索的火山仍旧是遥不可及。由于受到技术水平的制约，科学家们只能用间接的方法来研究火山爆发的

△夏威夷火山

内因。

有的科学家根据地球上活火山的分布情况，发现绝大多数活火山都分布在板块交界处，所以根据已有的板块理论，他们认为火山爆发是地壳各个岩石圈间相互挤压摩擦时产生巨大的热量，导致地壳物质融化，而地幔物质在巨大的压力下便从这些压力相对较小的区域喷涌而出。

但是地球上的火山并非全部分布在板块边缘，著名的夏威夷火山就离板块边缘有数千米之遥。为此，有的科学家解释称，地幔中也许存在某一“热点”，这里温度极高，板块移动到了这一位置，其上的地壳就会被高温所融化，地幔物质便从这里喷出，因此导致火山爆发。但这个热点是否是固定不变的？其热力来自何方？对此目前仍无定论。

英国剑桥大学的一个地质学研究小组提出，积雪可能是导致火山爆发的原因之一。过去300年全球火山爆发的统计记录显示，在北半球的冬季，全球火山爆发增加了18%，在泛太平洋地区这一现象尤为显著。这是因为在北半球的冬季，大量积雪导致全球的海平面下降约1厘米，而积雪对海岸线和岛屿的压力可能是导致火山爆发的原因。

关于火山爆发的内因，到底哪一种说法是正确的，至今仍然没有权威的定论。

地球悬疑录 Earth

火山爆发喷出的物质

火山爆发能喷出多种物质，在喷出的固体物质中，一般有岩块、碎屑、火山灰等；在液体物质中，一般有熔岩流、水、泥流等；在气体物质中，一般有氢、氮、氟、硫等的氧化物。

富士山形成之谜

富士山是一夜形成的吗？
富士山是地震造就的吗？

终年积雪的富士山

作为日本的象征，富士山的名气不在世界上任何一座名山之下，千百年来它一直是日本最著名的旅游胜地。

富士山是一座休眠火山，关于它的形成说法很多。根据日本佛教传说，富士山是在公元前286年因地震一夜形成的。当时地面裂开，形成了今天日本最大的巴瓦湖，富士山则由挤出的泥土堆积而成。也有人说，8万年前至1.5万年前曾有一次大规模的火山爆发，富士山是由火山灰等物质沉降后形成的。还有人说，由于地壳变动，曾为岛屿的伊豆半岛与本州岛发生过激烈的相撞，富士山正是在这场撞击中形成的。

真相究竟如何呢？还有待人们的进一步探索。

富士山是日本人心目中的“圣山”。

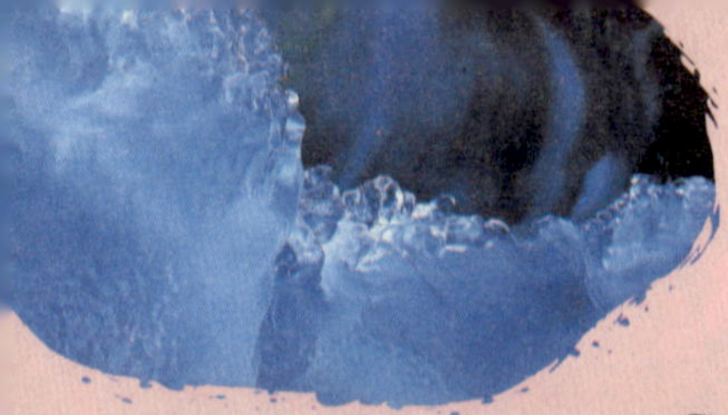

离奇的火山喷冰

火山为什么能喷出冰块？
火山喷出的冰块为什么不会融化？

说起火山爆发，人们首先想到的是炽热的岩浆从火山口喷涌而出，空中浓烟滚滚，火山灰遮天蔽日……但是在冰天雪地的北极地区，当火山爆发时，竟然有大量的冰块喷发出来，造成奇特的喷冰现象。

格里姆斯维特火山位于冰岛北部，那里就发生过壮观的喷冰现象：火山爆发时喷出的不是炽热的岩浆和漫天的灰烬，而是约13亿立方米的透明洁净的冰块。

火山喷冰是高纬度冰层广布地区火山爆发时特有的现象之一。但是，是什么原因造成了火山喷冰？地质学家们认为，有的火山内部蕴藏着大量的冰块，当火山爆发时冰块就随气体喷涌而出。还有人认为，火山喷出的气体把附近冰川上的冰块接连抛到空中，它们来不及融化就降落到了地面上，由此形成火山喷冰的奇观。真相果真如此吗？还有待人们查证。

寻常的火山喷出的是浓烟和岩浆，但冰岛上的火山喷出的却是冰块。

茫茫黄沙从何处来

沙漠是由干旱的气候造成的吗？
一望无际的黄沙是从哪里来的？

据统计，地球上沙漠总面积为1500多万平方千米，占地球陆地总面积的1/10，而且这个数字还在不断增大。那么，面积如此广阔的沙漠究竟是怎样形成的呢？

传统的观点认为，沙漠是地球上干旱气候的产物。这是因为地球自转使得某些地带长期笼罩在大气环流的下沉气流之中，气流下沉破坏了成雨的过程，形成了干旱的气候，造就了茫茫的瀚海大漠。而地球上沙漠的分布也证实了这一观点。目前，世界上的大部分沙漠主要集中分布在北非、西南亚、中亚和澳大利亚地区，这些地区都处在气候干旱的地带。

塔克拉玛干沙漠

辽阔的沙漠是怎样形成的?

然而，这一理论并不能解释所有沙漠的成因。例如：印度的塔尔沙漠上空的空气就很湿润，到季风时节，空气中的水汽含量几乎能与热带雨林地区的相比，但它的地面却遍布黄沙。还有非洲的撒哈拉沙漠，在远古时代曾是一片植物茂盛的肥沃土地，它在人类出现后才渐渐演变成了沙漠。因此，有人认为是由于人类破坏了原有的生态环境，才形成了沙漠。

地球悬疑录 Earth

绿色沙漠

绿色沙漠是指种类单一的大面积树林，树林里的树木高矮一致，树冠层完全遮住了阳光，使下层植被无法生长。由于这种树林缺少地表植物，因此被称为“绿色沙漠”。

但也有人不完全同意上述观点，认为撒哈拉沙漠的形成最初是缓慢的，直至公元前5000年，不知从什么地方飞来铺天盖地的黄沙，才使此地变成了辽阔无边的沙漠瀚海。然而这突如其来的黄沙又是从哪里飞来的呢？没有人能确切地回答这一问题。

人类不适当地开发大自然，固然会使丰美的草原、森林退化成沙漠，但是沙漠本身作为一种生态类型，早在人类出现以前就存在了。那么，在人类出现以前，沙漠是如何产生的呢？

看来沙漠形成的原因非常复杂，要想找出其中的答案，还有待于人们进一步的探索。

黄土高原形成之谜

是强劲的西北风吹来了黄土吗？
是洪水冲击形成了黄土吗？

在黄土高原上生活的农民

在中国北方，耸立着一块面积约40万平方千米的黄土地，它就是地球上绝无仅有的黄土高原。这里的黄土一般厚达80～120米，如此厚的黄土层在国外是找不到的。

那么，这么大范围分布的黄土层到底是怎样形成的呢？100多年来，许多科学家致力于这一问题的研究，提出了几十种假说，其中“风成说”和“水成说”比较令人信服。

持“风成说”观点的学者认为，黄土并非来自当地，是风力把黄土搬运到黄土高原上的。他们推断，黄土来自中亚、蒙古高原等广大干旱沙漠地区。在久远的地质年代，这些地区的沙石经过骤冷骤热的环境变化，逐渐被风化成粉末。内陆盛行的西北风将

地球悬疑录 Earth

黄河为什么这么“黄”

黄河的中上游地区是世界上最大的黄土高原。黄土高原土层深厚，土质疏松，水土流失极为严重，是黄河泥沙的主要来源地。

数以百万吨计的沙粒和粉尘卷入天空，并携带着它们随风南下。于是粗大的沙粒残留在原地形成戈壁；较细的沙粒则落在附近地区，聚成成片的沙漠；细小的粉尘则随风飘落到秦岭北麓，形成了浩瀚的黄土高原。

黄土高原大部分为黄土覆盖。

但是这种学说受到不少科学家的反对。他们认为如果上述观点成立，那么黄土高原应该到处是黄土，可事实上黄土高原海拔两三千米以上的山地上被另一种土质覆盖着；并且黄土中沙粒含量由西北向东南递减，黏土的含量却从西北向东南递增，这种分布更像是洪水的杰作。

对此，我国学者李明光提出了新的理论——黄土高原灾变水成学说。他用大量的证据证实，灾变性的大洪水和冰川融化水挟裹着泥石流，向当时尚是草原低地的黄土高原地区滚滚流淌，并深埋一切动植物。洪水退去，留下绵延千里的茫茫黄土。

黄土高原究竟是怎样形成的，人们对此争论不休，至今仍无定论。

由茫茫黄土构成的黄土高原

探秘俄罗斯“死亡沼泽

“死亡沼泽”里发生了什么离奇死亡事件？
谁是“死亡沼泽”里的“神秘杀手”？

据说，在俄罗斯圣彼得堡北面的僻静森林里，有一片方圆几千千米的“死亡沼泽”。十余年来，那里经常发生失踪案。当这些失踪者的尸体被找到时，人们惊奇地发现，这些尸体竟然全部赤裸，但又找不到任何横死迹象。最令人惊奇的是，死者的衣服往往在他们身边摆放得整整齐齐。

失踪者怎么会赤身裸体地死去？如果是他杀，为什么罪犯仅脱去他们的衣服而不劫财？难道有哪个疯子专门去杀害那些人吗？为何死者生前往往将衣服摆放得整整齐齐？为了弄清真相，当地的警察除了周密侦查，还特意到莫斯科请教有关专家。

毒蘑菇

神秘的沼泽

莫斯科法医检验局首席专家谢尔盖·尼基金认为，死者生前可能摄入了某种能让人神志不清的毒素。这片沼泽地里有不少毒蘑菇，此外当地还流传着剧毒飞蛇的传说，它们都可能使人中毒身亡。这是否就是“死亡沼泽”使人致命的真正原因，还有待进一步证实。

从天而降的金属矿藏

巨矿是从天上掉下来的吗？
巨矿形成的真正原因到底是什么？

有人认为，镍矿是天上掉下来的陨石。

在加拿大安大略省东南部，有一个矿业城市名叫萨德伯里，它的镍产量占世界总产量的80%左右。镍是一种稀有的贵重金属，在地壳岩石圈中的含量很少，大多集中在地核和下地幔中。所以，大多数人都认为萨德伯里镍矿是由岩浆形成的。

可是，也有人提出镍矿是从天上“掉”下来的，因为在镍矿的周围有陨石坑所特有的冲击构造，而陨石尤其是陨铁，其主要成分就是镍和铁。还有一种说法认为，曾经有一块巨大的富含铁、镍的陨石从天而降，击穿了萨德伯里地区的地壳，为岩浆的上升开辟了通道。富含铁和镍的岩浆上升后，融合陨石本身的铁和镍成分，经过改造、冷凝，形成了今日的巨大镍矿。那么，萨德伯里镍矿形成的真正原因到底是什么？这是大自然留给人类的又一道谜题。

人们在萨德伯里镍矿的周围发现了大陨石坑。

石油成因之谜

石油是怎样形成的？
人类能制造出石油吗？

人类自从发现并使用石油以来，还从未像今天这样对它如此依赖。石油产品如今已经渗透到人们生活中的各个角落，但这个对人类来说最重要的能源如今却面临着枯竭的危机。

关于石油的形成，我们的教科书中的描述是各种有机物如动物等死后埋藏在不断下沉缺氧的海湾、潟湖、三角洲、湖泊等地，经过许多物理化学作用，最后逐渐形成石油。但这只是石油形成的理论之一，科学界至今对石油的形成仍然存在争议。上面的说法只是石油形成“有机论”的说法，持这种观点的科学家认为石油的化学成分主要是由碳氢化合物混合

石油广泛地分布于陆地和海洋。

原油必须经过加工，才能得到更广泛的应用。

而成，而动物遗体主要是由碳、氢、氧三种元素组成的。经过漫长的地质年代，大量的动物遗体堆积在水里。在地下一定的温度和压力的条件下，遗体中的氧元素逐渐被分离出去，剩下的碳和氢则组成了碳氢化合物。其中比较轻的碳氢化合物形成了天然气，比较重的就形成了石油。

而石油形成“无机论”是近年来才出现的新理论。持此观点的科学家认为，石油是由地下深达100千米处的无机碳和水在高温高压下形成的碳氢化合物。他们通过实验证明，在低压下不可能形成石油这样重的碳氢化合物，只能形成甲烷这样比较轻的碳氢化合物。不仅如此，科学家们通过实验室模拟，将氧化铁、大理石和水在高压下加热到900℃时还成功地制造出了类似石油的碳氢化合物。

关于石油成因的争论，一时还不能平息，不过新理论的出现对我们人类来说终究是好事，人类有可能由此在石油勘探领域翻开新的篇章。

地球悬疑录 Earth

石油的用途

石油是具有广泛用途的矿产资源，石油可以制造合成纤维、合成橡胶、塑料及农药、化肥、炸药、医药、燃料、油漆、合成洗涤剂等产品。

开采石油

凯东地区的天然录放机

埃奇·希尔战役的场面为何在空中重现？
是谁摄制了天然的录像？

300多年前的一个夜晚，英国凯东地区的夜空中突然出现奇怪的影像，只见两队身穿铠甲的士兵手执盾牌长剑，正在半空中横刀跃马，互相厮杀。只听得杀声震天，刀剑的碰击声与战马的嘶鸣声交织在一起。当地人像看电影似的足足看了3个小时，这些影像才消失。

是岩石录下了影像吗？

后来，这种战争场面每逢周六、周日就出现，持续了很长一段时间。当时的英国国王查理一世曾派大臣们前去调查，发现这是不久前发生的埃奇·希尔战役的重现。人们还认出了指挥英军的爱德蒙瓦内陛下，他在这场战争中阵亡了。

一些科学家在解释上述现象时认为，可能是自然界里的激光在起录影、录音和再现作用。另一些科学家认为，地球是个巨大的磁场，在适宜的温度、湿度及地理条件下，人物的形象和声音就很可能被周围的建筑物、岩石、铁矿或是古树记录并储存起来。在相同的条件下，这些被录下来的图像或声音就可能重新出现。

到底真相如何，还有待人们进一步探索。

奇特的莫赫陡崖

莫赫陡崖是怎样形成的？
植物为何能在莫赫陡崖上生存下来？

莫赫陡崖屹立在爱尔兰的克莱尔郡海岸，沿海岸延伸8000米，景色异常壮丽。莫赫陡崖地形怪异，以奇险著称。远眺陡崖，可看到黑褐色的峭壁如同斧劈剑削一般，笔直地矗立在海面上。由于莫赫陡崖奇特地显现出密集的层次，仿佛是一部部千古巨书放置海边。虽然海面上的狂风巨浪不停地猛击莫赫陡崖，但它似乎能经受得住冲击，一直没有改变形状，屹立不倒。

莫赫陡崖的东北方是巨大的灰岩阶地，那里遍布着交错的裂缝，裂缝里生长着上千种植物。这些植物奇迹般地在这一小块一小块土壤中扎根生长，使这片阶地成为植物爱好者的天堂。如此奇异的悬崖是怎样形成的？这里的奇异植物为数众多，它们是如何在这片悬崖上生存下来的？到目前为止，人们还不甚明了其和谐生态环境的形成原因。

莫赫陡崖屹立海中，景色壮丽。

会“开花”的石头

石头开的“花”是什么样子？
石头为什么能“开花”？

自然界无奇不有，除石头开花外，还有长得像石头一样的植物——生石花。

植物开花，是众所周知的。然而在我国的泰山脚下，人们却发现石头也能开花。这块会开花的石头位于山东省泰山脚下的石文化陈列馆，该石头高30多厘米，形状好像昂着头的海豹，表面鼓出了密密麻麻的白色“花蕾”。这些“花蕾”过不了几天便依次开出一朵朵红褐色的“小花”。这些由石头花瓣构成的花朵，直径从0.5厘米到2厘米不等。花开过后，紧紧相连，非常漂亮。

据泰山管委会的负责人介绍，这块奇石是山东省新泰市宫里镇王周祥老人几年前从村南坡上捡回来的青石，被随手放在家中。不久，王周祥发现，这块石头不仅会“开花”，而且还在长高。消息传出后，周围许多农民到王家争看这一奇观。为保护这块奇石不遭破坏，王周祥专程把它送到泰山石文化陈列馆。目前，石头开花这种奇特的现象还无法得到科学的解释。

坚硬的岩石为何能开出娇艳的花儿？

自行升空的印度神石

印度神石为什么能自动升空？
达尔维奇与印度神石有什么关系？

据说，在印度西部的希沃布里村，有两块能随人们的喊声而自动离地腾空的神石。这两块神石小的重约90千克，大的重约190千克。只要人们把右手的食指放在神石下，异口同声且不停顿地喊着“库马尔·阿利·达尔维——奇——奇”，发“奇”字时的声音尽可能拖长些，这样，沉重的石头就会像活人般地从地上弹跳起来，悬升到约2米的高度。直到人们喊得精疲力竭时，神石才会落到地面上。

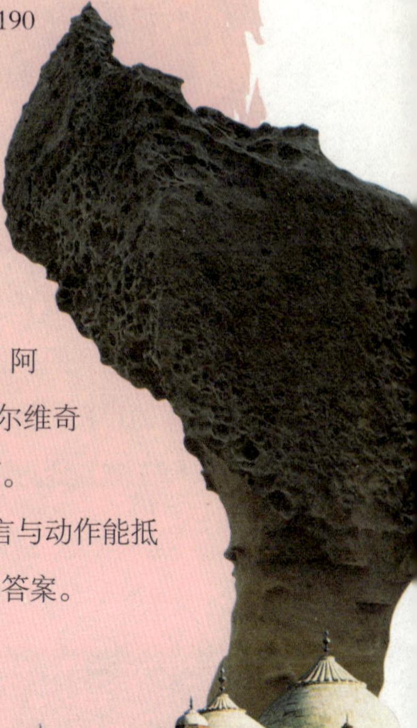

据记载，神石升空的方法是伊斯兰教徒库马尔·阿利·达尔维奇生前透露给人们的。至于更多的秘密，达尔维奇只字未提。从那以后，人们就用他教的方法“举”起神石。

沉重的巨石腾空升起的秘密何在？难道人的特定语言与动作能抵消重力的作用吗？科学家们虽然几经考察，但仍然找不到答案。

古老而神秘的印度

摄人心魄的黑魔洞

黑魔洞里真的有神秘巫师吗？
是脉冲装置造成人们的幻觉吗？

据说，位于西伯利亚的卡什库拉克山洞是一个恐怖的地方，洞内一片漆黑，神秘异常。人们不知道在这片黑暗中隐藏着什么秘密，走进洞里的人都会变得惊慌失措，大多数人被吓得立刻跑出来，可一旦见到亮光清醒之后，又说不清楚是什么原因使自己如此害怕。

这个山洞的外貌并不独特，和周围几百个洞穴大同小异，可人们一踏入里面，就举步维艰，心就像提到了嗓子眼。1985年，几位洞穴学家对卡什库拉克山洞进行了考察。走在队伍最末尾的成员巴库林讲述了他后来遇到的情景：当他准备离开洞穴时，突然感到背后有一道深沉、凝重的目光。他努力克服想逃跑的念头，回头一望，竟看到了一位中年巫师正默默地向他招手。

在黑魔洞洞口看到的景象

地球上有很多神秘的洞穴。

当时巴库林的第一个念头就是逃跑，可是他感觉自己的腿好像已经僵硬了。巴库林只好拼命拉动腰间的绳子，这是他请求救援的信号。就这样，巴库林摆脱了洞穴中那神秘的“诱惑”，终于安全地返回到地面。巴库林的奇遇不是独一无二的，不少探险者也有过类似的遭遇。

有人说这只是幻觉，山洞里可能存在某种化学物质，在与空气混合后，给身处黑暗中的人造成了各种压力和幻觉。也有人不同意幻觉的说法，他们认为这和全息照相术有关。在某种特定的时间和物理条件下，山洞墙壁能将从前记录下的信息显现出来，就像是在显示一幅照片。当然，这只是一种大胆的猜想。

全息照相术示意图

另外，探险家进入山洞深处时，发现磁力仪上的数字不停闪烁。在众多信号中，有一股固定的低频脉冲出现，也许它才是使人心理和生理紧张的罪魁祸首。这个脉冲是从哪里来的，探险家搜遍了山洞也未发现其来源。他们相信发出脉冲的装置就藏在山洞里面。那么，这些脉冲信号究竟是发给谁的，又在起什么作用呢？人们至今也没有找到答案。

悬 地球疑录 Earth

神奇的全息照相术

全息照相术再现的是精确的物体三维信息。当我们看到这些信息时，可以从各个视角观察到物体的不同侧面，具有极强的立体感。

奇异的水晶石笋

水晶石笋是什么样子的？
水晶石笋是怎么形成的？

▲寻常的石笋不会像水晶般透明。

1971年，一批洞穴学家在意大利安科纳弗拉沙西峡谷一带探索，意外地在亚平宁山脉发现了规模宏大的地下洞穴，那里竟然有奇异的水晶石笋。

当洞穴学家走进曲折的洞穴时，看到林立的石笋从水里冒出来，晶莹剔透，像一根根华丽的水晶柱般闪闪发光。再往前走，他们又看到里面有不少巨型的水晶石笋，而重重叠叠的水晶石帘更是令人目不暇接。

在这个阴冷潮湿的洞穴里，水晶石笋众多，造型奇特，有的似怒马狂奔，有的像彩云遮月，有的如海龟探海，有的若瀑布飞溅……奇妙的景观层出不穷，令人感觉仿佛置身于水晶宫之中。据考察，安科纳弗拉沙西峡谷两边峭壁陡立，是典型的喀斯特地貌。我们知道，一般的石笋是碳酸钙堆积形成的，但是状如水晶的石笋该如何解释呢？是怎样的自然造化形成了这里的洞穴奇观？人们至今仍不得其解。

▼亚平宁山脉

[第三章]

疑雾重重的水域

从太空中看，地球是个蔚蓝色的星球，那是因为它被广阔的海洋包围着。然而这片占据地球面积70%以上的水域，发生过或正在发生着的各种神秘事件，都是那么不可琢磨和难以预料。可以说，水域是人类认知中存有疑惑最多的地方之一，谁都无法把水域世界一下子看透。在这一章里，我们将了解一些久久未曾解开的水域疑团。

海水从哪里来

海水是地球固有的吗？
陨冰能使地球形成辽阔的海洋吗？

众所周知，海洋占据了地球表面70%以上的面积。从这点来看，地球就像一个巨大的蓝色水球。那么，如此多的海水是从哪里来的呢？

起初，科学家们坚信，海水是地球固有的。地球诞生之始，这些水便以结构水、结晶水等形式贮存在矿物和岩石之中。后来，它们随着火山、地震等地质活动从矿物和岩石之中呼啸而出。这些水汽进入空气后遇冷凝结，便形成暴雨降落下来，并在地壳的低凹处聚集起来，经过漫长的积累，便形成了原始的海洋。科学家们得出这一结论的依据是，火山爆发时总会有大量的水蒸气伴随岩浆喷

地球上的海水到底从何而来？

地球悬疑录 Earth

海水为什么是蓝色的

海水看上去多呈蓝色，是因为七色的阳光射入海水以后，红、橙等光被海水吸收，只有一部分蓝光被海水反射和折射回来。因此，我们见到的海水便呈现出蓝色。

溢出来，这些水蒸气便是从地球内部释放出来的“初生水”。

然而，随着科学技术的发展，人们发现这些“初生水”只不过是渗入地下又重新循环到地表的地表水。于是，有的科学家又提出了一种新的观点，认为火山喷出的水蒸气虽然主要来自地表水，但不排除其中有少量“初生水”。如果过去的地球一直维持与现在火山活动时所释放出来的水汽总量相同的水汽释放量，那么几十亿年来累计总量将是现在地球大气和海洋总体积的100倍。所以他们认为，其中99％是周而复始的循环水，但有1％是来自地幔的“初生水”，正是这部分水构成了海水的来源。

海边的人以海为生。

然而，另有一些科学家却不赞同上述的观点，他们认为，地球上大部分的水不是地球固有的，而是由撞击地球的彗星带来的。据他们估算，每分钟约有20颗小彗星撞击地球。由于彗星的彗核主要是由凝结成冰的水构成的，因此可以推断出：若每颗彗星直径为10米，那么每分钟就有1000立方米的水进入地球，一年则可达0.5立方千米。据此推断，在地球自形成至今的46亿年中，大约有23亿立方千米的水进入了地球，这些水足以形成如今这样辽阔的海洋。

然而目前的解释均无法令人信服，海水的来源仍是个难解的谜。

海水中的盐来自哪里

海水中的盐究竟是从哪里来的？
海水会变得越来越咸吗？

我们知道，海水之所以咸，是因为海水中含有盐。如果把海水中所溶解的盐全部提取出来，重量将达5亿亿吨。如果把这些盐平铺在陆地上，陆地的高度可以增加153米。那么，如此多的盐究竟来自何处呢？

有的科学家认为，地球刚形成时出现的水都是淡水。由于水流不断冲刷泥土和岩石，将可溶的盐类物质带到江河之中，江河百川又回归大海。随着水分不断蒸发，盐越积越多，于是海水就变成咸的了。如果按照这种理论推理，那么随着时间的流逝，海水将变得越来越咸。

人们曾对海水和河水的成分加以比较，发现海水与河水的成分是相近的，只是各种盐类在海水和河水中的含量不同。既然盐是通过地球上的水循环从陆地汇集到海洋里的，那么海水与河水中各种盐类的含量就不应该存在如此大的差异。因此，人们对海里的盐来自淡水的观点产生了怀疑。

海水里蕴含着丰富的盐。

人们在利用海水提取食用盐。

对此，有些科学家提出了这样的观点，认为盐是海洋中的原生物。不过最初的海水并不像现在这样咸，由于可溶的盐类物质不断溶解，再加上海底不断有火山喷发出盐分，海水才逐渐变咸。持此观点的科学家经测试发现，海水在漫长的岁月中并没有变得越来越咸，只是在地球各个地质时期，海水中盐的浓度有所不同。这是因为随着海水中可溶的盐类物质的增加，它们之间会发生化学反应，从而形成不可溶的化合物沉入海底，久而久之被海底吸收，因此海洋中的盐量就有可能保持平衡。

还有一些科学家持折中的观点，认为海水之所以是咸的，不仅有先天的原因，也有后来的因素。也就是说，不仅陆地上的盐分不断流进海水中，而且随着海底火山的喷发，海底岩浆溢出的盐分也汇集到了最初的海洋里。

此外，关于海盐形成的原因还有其他说法，但都不是无懈可击的，看来这个谜题还将继续困扰人类。

海盐来自河流吗？

地球悬疑录 Earth

海水为什么又咸又苦

海水中的盐分90%左右是氯化钠，也就是食盐，另外还有氯化镁、碳酸镁及含钾、钠等元素的其他盐类。其中氯化镁的味道很苦，因此海水喝起来就又咸又苦了。

海平面迅速上升之谜

海平面迅速上升是温室效应导致的吗？
海底扩张速度加快会导致海平面迅速上升吗？

海平面上升时，海岸线不断后退。

海平面迅速上升是全球都在关注的重大问题。经地貌、测量学者组成的专家组对澳大利亚东南海岸的研究发现，在1870年至1979年间，这里的海岸线后退了150米。

在气候日益变暖的今天，海洋表面的水位上升是正常的，但上升如此之快却比较反常。许多科学家认为，海平面的迅速上升与温室效应加重有关。地球的持续升温会使两极的冰川加速融化，从而导致海平面迅速上升。

此外，也有学者指出，海平面迅速上升与海底的扩张速度加快有关。当海底扩张的速度加快时，大洋底会比平时高一些，这就导致了海平面迅速上升。关于海平面为何迅速上升的原因可谓众说纷纭，要想得出定论还有待于人们进一步探索。

海平面持续上升会淹没很多岛屿和海边低地。

人类能移居海底吗

海底是人类未来的家园吗？
海底生活实验成功了吗？

海底世界

今天的世界，人类面临着诸多挑战，人口过多、资源枯竭，拓展人类的生存空间是我们不得不面对的难题。以现有的技术能力，人类尚不具备移民其他星球的条件，约占地球面积70%的海洋逐渐成为人类拓展生存空间的最佳选择。

为此，科学家们已经开始了各种尝试。1969年2月，美国4位青年科学家进行了一项“玻陨石一号”海底生活实验计划。他们住在海面下约15米深的一所坚固的小型复式房屋内。在为期两个月的实验中，科学家们在比正常空气重一倍多的气压下生活竟然并未感到吃力。通过仪器观测，他们的心脏、肺部、神经系统都未发现异常，这说明人类的生理结构是完全可以适应水中生活的。

这次实验成功后，世界上先后又进行了5次海底生活实验，有的成功，有的失败，甚至还有科学家为此献出了生命。可见，人类若要移居海洋，还有很长的路要走。

未来人们能在海底生活吗？

海底平顶山形成之谜

海底平顶山的山顶为何如此平坦？
是什么削去了高耸的山顶吗？

在人们的印象中，山脉通常高大挺拔，奇峰迭起，自然形成的平顶山峰极为少见。但在人迹罕至的大洋深处，却存在着大量的平顶山。

海底平顶山最初是美国著名的地质学家赫斯博士发现的，他曾用声呐探测过太平洋的海底地形。在两年多的探测过程中，赫斯发现太平洋海底存在着为数众多的海山，但令人不可思议的是，有很大一部分海山的山顶是平的，就像海底的高大平台一样。

在后来的研究过程中，赫斯在大西洋的某些海域也发现了类似的海底平顶山。世界上的海底平顶山有的位于2000米以下的深海，有的离海面只有200米。赫斯通过采集离水面比较近的平顶山岩石样品发现，样品中的生物化石都应该出现在比这个深度要浅得多的海域，这是不是说明这些平顶

海底除了平顶山以外，还有无数的秘密等待我们去发现。

有人认为，海底平顶山是海浪的杰作。

山原来并不是位于这个深度的呢？

海底平顶山的发现，引起了世人的关注。经过大量的勘测研究，人们在太平洋中已发现了650多座平顶山。

关于海底平顶山的形成，有人认为，在距今5亿多年前的寒武纪，火山地震时有发生。与陆地火山不同，海底的火山喷发虽然造就了无数小岛，但有一部分火山的能量不足，岩浆未能在海面立足便被海浪所侵蚀，由此形成了大量浅滩。随着漫长岁月的变迁，这些浅滩便形成了奇特的海底平顶山。也有人认为，海底平顶山是海浪的杰作。如果海山的山头接近海面，那么很快就会被海浪削平了。当海底发生地质活动时，平顶的海山沉入海底，就形成了海底平顶山。此外，还有人提出，海底平顶山可能是海底的火山。当火山喷发时，火山灰等物质填平了火山口，因此其顶部就呈现为平顶。

由于专家们众说纷纭，关于平顶山的成因迄今仍是一个谜。

地球悬疑录 Earth

陆地上的平顶山

不仅海洋里有平顶山，在陆地上也有这种奇特的山，比如在美国西南高地、我国的内蒙古和河南都有发现。其中河南省的平顶山市就因市区建在“山顶平坦如削”的平顶山下而得名。

海底为何多峡谷

海底峡谷是怎么形成的？
浊流能“凿”出海底峡谷吗？

随着海洋技术的发展，人们在海底发现了大量两坡陡峭、异常壮观的峡谷。目前通过卫星探测到的海底峡谷已达几百个，它们宛若一条条巨龙，尾巴留在大陆架，而龙头则探进了大洋底。海底峡谷蜿蜒弯曲，沟壑纵横，例如：白令峡谷全长440千米，巴哈马峡谷谷壁高度为4280米……陆地上的大峡谷与它们相比，真是小巫见大巫了。

我们知道，虽然海上狂风怒吼，波浪滔天，但几百米以下的海底却是个相当宁静的世界，那么是什么力量造就了如此宏伟的海底峡谷呢？为此，海洋学家们已经争论了半个多世纪。有人认为，海底峡谷是由于海啸侵蚀海底造成的。但是，在没有海啸的地区照样有海底峡谷的存在，可见海啸并不能用来解释所有海底峡谷的成因。

陆地峡谷有可能沉入海底，形成海底峡谷。

奔腾的浊流有强大的侵蚀力。

有些科学家根据海底峡谷的形状与陆地峡谷相似的特点，推测海底峡谷可能是河流侵蚀的结果。他们认为，海底峡谷所在的海底过去曾经是陆地，河流剥蚀出的陆地峡谷由于地壳下沉或海面上升，才淹没于波涛之下，成为海底峡谷。但是，海底峡谷广泛见于地壳运动平静的构造稳定区，所以河流侵蚀说很难成立。

地球悬疑录 Earth

海底峡谷与陆地河流

很多海底峡谷与陆地河流相连，如北美东海岸的哈得孙海底峡谷，它的源头是哈得孙河。哈得孙河流入海洋，在海底冲击出浅平的谷地。不过，也有一些海底峡谷与陆地河流无关。

后来，人们通过多年的观测，在海底峡谷谷底发现了不时向下游移的砂砾和浊流的痕迹。于是有人提出，海底峡谷很可能就是由浊流“凿”出来的。奔腾而下的浊流具有强大的侵蚀能力，由此“凿”出了海底峡谷。在铺设纽芬兰海底的电缆时，人们发现电缆曾在不到一昼夜的时间里多次被冲断，后来查明原来是海底一股含大量泥沙的浊流造成的。这一事实说明，海底确有浊流存在。

不过，浊流的侵蚀能力虽然强大，但海底峡谷的规模如此庞大，难道光靠浊流就能切割而成吗？对此，很多学者仍然表示怀疑。虽然海底峡谷的成因至今仍无定论，但是相信随着科学技术的发展，人们一定会揭开这个谜。

解析**海底玻璃**成因

海底玻璃是人工制造的吗？
能模仿海洋环境制造海底玻璃吗？

制作玻璃制品

玻璃制品在我们日常生活中很常见。

我们每天都要与各种各样的玻璃制品打交道，如玻璃杯、玻璃灯管、玻璃窗户等。普通玻璃是以花岗岩风化而成的硅砂为原料制成的。原料在高温下熔化，加工成型，冷却后就成了我们所需要的玻璃制品。然而，在很难找到花岗岩的大西洋深海海底，人们居然发现了许多体积巨大的玻璃，这真是一件非常奇怪的事。

为了解开海底玻璃之谜，科学家们进行了多方面的分析和研究。他们首先确定，这些玻璃不可能是人工制造出来再扔到深海里去的，因为它们的体积巨大，远非人工所能制造。

人们探索海底时发现了巨型玻璃。

关于这些玻璃的来历，有人认为，它们很可能是海底火山造成的。玻璃的化学成分主要是硅，天然纯净的硅又叫水晶。如果在海底地壳某处存在着大量的水晶，而此处又恰巧有火山活动，那么炙热的岩浆就会使这些水晶融化，并将它们从地壳深处带至海底，含硅的岩浆遇冷便形成了天然的玻璃。这些天然玻璃在地壳活动和潮水搬运的作用下，逐渐远离火山口直至被人们发现。

火山喷出的玻璃质

也有人认为，海底玻璃的形成，有可能是海底的玄武岩受到高压后，同海水中的某些物质发生一种未知的作用，生成了某种胶凝，从而最终演变为玻璃。

现在我们制造一块最普通的玻璃，都需要1400℃～1500℃的高温，而熔化炉所用的耐火材料受到高温玻璃溶液的剧烈侵蚀后，会产生有害气体，影响工人的健康。假如能用高压代替高温，将会彻底改变这种状况。出于这个设想，有些化学家把发现海底玻璃地区的深海底的玄武岩放在装有海水的容器里，加压至400个大气压力，结果并没有制造出玻璃。那么，奇怪的海底玻璃到底是怎样形成的呢？迄今仍是一个未能解开的谜。

地球悬疑录 Earth

神奇的元素——硅

硅是构成地球上矿物的主要元素，其用途很广，比如我们使用的砖、瓦、水泥、玻璃和陶瓷等，都是硅的化合物。此外，它还是航天工业以及制造光导纤维、半导体的重要材料。

神奇的海火

海火与发光生物有关吗？
海火是岩石放电现象吗？

海底火山喷出的岩浆看起来很像海火。

在1975年9月2日傍晚的江苏省近海朗家沙一带，海面上出现了奇怪的光亮。随着波浪的起伏，海水就像燃烧的火焰那样翻腾不息，光亮直到天亮时才逐渐消失。第二天夜晚，海面上的光亮再次出现，而且更亮。在以后的夜晚，亮度逐渐加大。到第七天，海面上竟涌起很多泡沫。当渔船驶过时，激起的水流明亮异常，如同灯光照耀，水中还有珍珠般闪闪发光的颗粒。几小时后，这里发生了一次地震。

这种海水发光现象被人们称为“海火”。它常出现在地震或海啸之前。1976年7月唐山大地震的前一天晚上，秦皇岛、北戴河一带的海面也出现过发光现象，尤其在秦皇岛码头，人们看到海水中竟然出现了一条火龙似的明亮光带。

这种现象在世界许多地方都可以见到。不仅神秘的海火本身像一个可怕的幽灵困扰着人们，而且它产生的原因也使人们一筹莫展。很多人认为，海火与海里的发光生

海火是海底发光生物造成的吗？

海底有很多发光生物。

物有关。海里的发光生物因受到惊扰而发光，是早为人们所熟知的现象。这些生物种类繁多，除甲藻外，还有许多细菌和放射虫、水螅、水母、鞭毛虫，以及一些甲壳类、多毛类等小动物。因此人们推测，当海水受到地震或海啸的剧烈震荡时，便会刺激这些生物，使它们发出异常的光亮。但是一些学者却持有异议。他们指出，在狂风大浪的夜晚，海水也同样受到激烈扰动，为什么却没有产生海火？

美国专家曾经对花岗岩、玄武岩、大理石等多种岩石进行了破裂实验，他们发现，当压力足够大时，这些岩石会发生爆炸性的碎裂，并在几毫秒内释放出一股电子流，激发周围的气体分子发出微弱的光亮。如果把岩石样品放在水中，那么其碎裂时产生的电子流就能使水面发出光亮。但是当海啸发生时，岩石不会发生大量爆裂（当然地震海啸除外），那么海火又是如何产生的呢？

也有一些人认为，作为一种复杂的自然现象，海火的形成很可能有多种原因，生物发光和岩石爆裂发光只是其中的两种。除此之外，可能还有其他成因。但究竟还有些什么成因，则有待于人们的进一步研究。

地球悬疑录 Earth

奇特的海火

1933年3月3日凌晨，日本三陆海啸发生时，人们看到了非常奇特的海火。在起伏的波浪下，竟然有三四个像草帽般的圆形发光物横排着前进。发光物呈青紫色，像探照灯般照射四方。

大洋中脊之谜

大洋中脊是如何形成的?
为何大洋能沿着中脊不断“生长”?

就像动物的脊椎、船的骨架一样，海洋也有类似的结构，这就是大洋中脊，它决定着洋底的“生长”。

大洋中脊是隆起于洋底中部，并贯穿整个世界大洋，为地球上最长、最宽的环球性洋中山系。四大洋都有中脊存在。大西洋中脊呈“S”形，与两岸近乎平行，向北可延伸至北冰洋。印度洋中脊分三支，呈“入”字形。

根据观测表明，大洋中脊是洋底扩张的中心和新地壳产生的地带。这里经常发生地震，地幔的高温熔岩从这里流出，遇到海水冷凝成岩石。较老的大洋底不断地从这里被新生的洋底推向两侧，更老的洋底被较老的推向更远的地方。

大洋中脊是如何形成的?为何大洋能沿着它不断“生长”?关于这些问题，仍有许多争论，至今有说服力的答案还未出现。

大洋沿着中脊不断“生长”。

探寻太平洋的成因

太平洋有什么独特的地质构造？
太平洋是天体撞击形成的吗？

与其他大洋相比，太平洋有着独特的地质构造，如环太平洋的地震火山带、广泛发育的岛弧—海沟系、大洋两岸地质构造历史的显著差异等。这就使很多人相信，太平洋可能有着与其他大洋不同的成因，所以科学家们对太平洋的形成提出了很多假说。

有的科学家通过对月球的观察发现，月球的密度与地球地幔顶部的密度一致。因此他们便猜测，月球原来是地球的一部分，在地球诞生早期，由于其自转速度很快和太阳引力在地球上产生的共振等原因，地球上的一部分被甩了出去，便形成了今天的月球。而地球上缺失的地方便发展成今天的太平洋。

也有人猜测，地球早期可能遭到了无比巨大的某一天体的撞击，才形成了今天的太平洋。但是人们还没有找到能证明这些假说的证据，因此关于太平洋的成因目前仍无定论。

太平洋上的火山岛

赤潮成因之谜

赤潮都是红色的吗？
赤潮是怎么形成的？

夕阳映照的海水看起来就像赤潮一样。

赤潮是伴随着浮游生物的骤然增殖而发生的水色异常现象。赤潮的颜色并不都是红色的，其颜色多种多样，影响赤潮的颜色主要看引起赤潮的是哪种海洋浮游生物。

当赤潮发生时，高度密集的赤潮生物能将鱼类、贝类的呼吸器官堵塞，造成大批鱼类和贝类的死亡。因赤潮而死亡的鱼类或贝类在海水中继续分泌毒素，又危害着其他海洋生物的生长。

尽管人们已投入大量的人力、物力去研究赤潮，但是时至今日，人们对于赤潮的成因尚未完全弄清楚。例如，目前人们普遍认为，赤潮与海洋污染有密切关系，但是在远离海岸的大洋深处也发生过赤潮，这是为什么呢？人们还发现，暴雨过后，海水表层盐度迅速降低，也能刺激赤潮生物的大量急剧繁殖，这又是为什么？

如果人们能弄清赤潮生成的内在机理和发生规律，那么就能提前做好预防的措施了。

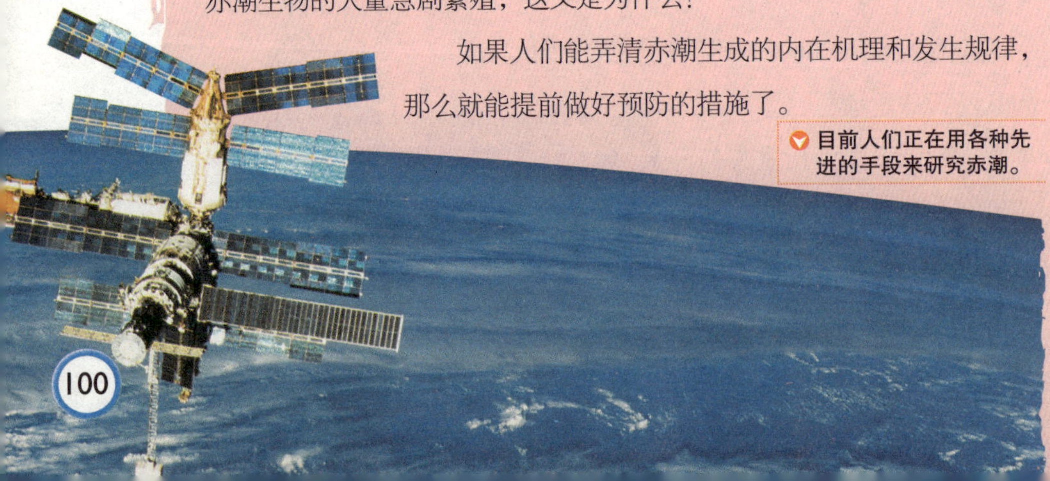

目前人们正在用各种先进的手段来研究赤潮。

北冰洋形成之谜

北冰洋是什么时候出现的？
北冰洋最初是淡水湖吗？

北冰洋是地球上纬度最高的大洋，也是最小的大洋，面积仅1310万平方千米。北冰洋是如何形成的？海洋地质学家通过长期的研究认为，北冰洋最早出现在古生代晚期，当时的劳亚古陆（即现代美洲大陆和欧亚大陆的合体）开始分裂，由此造就了北冰洋。

但有些科学家分析了2004年从北冰洋海底采集的沉积物后认为，北冰洋的起源远没有那么古老，2000万年前，北冰洋最多只算是一个巨大的淡水湖，湖水通过一条狭窄的通路流入大西洋。在1820万年前，由于地球板块的运动，狭窄的通道渐渐变成较宽的海峡，大西洋的海水开始流进北极圈，慢慢形成了今天的北冰洋。

对于地球的远古历史，现代的人类只能通过远古地球遗留下来的蛛丝马迹来分析推断，而往往最新的发现又能打破传统的观念。在充足的证据出现之前，北冰洋的形成原因只能是个谜。

白雪皑皑的北冰洋地区

海底“浓烟”之谜

海底“浓烟”是什么物质？
海底为何产生“浓烟”？

海底探测器

1979年3月，美国海洋学家乘坐新研制的“阿尔文”号潜艇，对墨西哥西侧的太平洋海域进行了水下考察。当“阿尔文”号渐渐接近海底时，透过潜艇的舷窗，科学家们看到了在潜艇探照灯的光影里，一根根高6～7米的石柱像烟囱般散布在漆黑的海底，石柱顶部还不断地喷发出滚滚“浓烟”。

他们操纵潜艇靠近石柱喷口，用探测器测得的结果令所有人都大吃一惊，那里的温度竟高达1000℃。经过仔细研究，他们发现“浓烟”原来是海底地壳中喷出的高温金属物质，当它遇到寒冷的海水时，便立刻凝结出铜、铁、锌等硫化物，并沉淀在喷口四周，经过不断的堆积便形成了石柱状的喷口。

奇妙的海底世界

这个发现受到了科学界的极大重视，人们纷纷猜测海底“浓烟”的起因及它将会给地球造成何种后果。尽管目前关于这些问题尚无定论，但是相信随着研究的深入，海底“浓烟”之谜终究会被揭开。

奇怪的海鸣现象

有节奏的海鸣是怎么回事？
奇怪的海鸣声为什么会逐渐减弱？

有人认为，海鸣是海牛发出的叫声。

海鸣就是海洋发出的鸣响，惊涛拍岸的轰响，地震和火山引起的喧嚣都属海鸣。可是，有些地方发生的海鸣，其原因却难以弄清。

广东湛江硇洲岛的东南海面，每当风云突变，天气异常，或风暴即将来临时，海面上就会发出一阵阵有节奏的“呜、呜、呜”的声响。这声音犹如闷雷，一高一低，错落有致。当地流传着这样一个说法：这种海鸣是沉放在海中的“水鼓”发出的，“水鼓”是很久很久以前建造硇洲岛国际灯塔时法国人放置的。可是谁也没见过“水鼓”的模样，更不知它放在哪里。

1969年，人们曾在硇洲岛海域发现过一群海牛在游动。于是有人提出，海鸣可能是海牛预感到天气或海况即将变坏而烦躁不安所发出的叫声，也可能是海牛游动过程中相互联络的信号。

1976年以后，硇洲岛东南海面上的海鸣之声比以往有所减弱。持“水鼓说”的人认为，这是“水鼓”年久失修、功能减退的结果；持“海牛说”的人认为，海鸣声减弱是海牛迁徙到别处去的结果。奇怪的海鸣成因至今仍无定论，这个奥秘有待人们进一步探索。

惊涛拍岸的轰响也被称为海鸣。

沉睡万年的海底围墙

海底的石头为何看起来像围墙？
海岛上曾有人类生活吗？

海底围墙看起来就像陆地上的围墙。

在美国比密里岛北面的海底有一些巨大的怪石头，这些石头每块约有6米长、3米宽、0.6 米高，堆积成围墙的样式，看起来像是经人工雕琢而成的。这些石块堆砌着，构成了几百米长的巨大石墙。

有的考古学家考证后说，这些石头在水中至少已经沉睡了1万年。那么，1万年前它们是些什么呢？如果它们是围墙，则说明海岛上曾有过一个文明程度甚高的城市。令人奇怪的是，岛上除了围墙，好像没有别的建筑物，而且史书上也从来没有关于这个海岛城市的记录。如果说当初就只修建了这么一座围墙，那就更加令人费解了。

有的考古学家说，海底围墙是自然天成的，巨石在海浪的冲刷下，恰好堆积成围墙的形状。到目前为止，关于海底围墙还没有合理的解释。

辽阔的海洋蕴藏着无尽的秘密。

地中海的前世今生

辽阔的古地中海为何消失了？
现在的地中海是如何形成的？

地中海是世界上最大的陆间海。令人难以想象的是，地中海过去曾是一个比现在大数百倍的喇叭形巨洋。

地中海海滨

科学家们根据多年的研究结果推论出，大约在距今2.8亿年前，古地中海分布在冈瓦纳古陆的北部与欧亚古陆的南部。由于冈瓦纳古陆与欧亚大陆靠拢并发生碰撞，古地中海逐渐失去了与世界大洋的联系，变得日渐干涸。大约550万年前，地壳发生了一次大规模构造变动，直布罗陀海峡被撕裂，大西洋的海水从裂口灌入地中海盆地，由此形成了现在的地中海。

运用现代的钻探取样技术，人们发现地中海海底分布着许多盐丘，在未固结的现代沉积物下面还有坚硬的蒸发盐层，这被人们当成古地中海曾经干涸的证据。然而，也有人不同意这一看法，认为它是地中海海底固有的。看来要形成统一的认识，恐怕还需要等待更具说服力的新证据出现。

古大陆漂移示意图

恐怖的马尾藻海

马尾藻为何在马尾藻海里疯狂生长？
为何船只和飞机在马尾藻海频繁失事？

在海洋里，海草也能充当“杀手”。大西洋东部的马尾藻海就是这样的，因此被称为“海上坟地”。这片海域本来空旷而死寂，几乎捕捞不到任何可以食用的鱼类，然而不知从什么时候起，具有顽强生命力的马尾藻来到这里，开始安家落户，并繁衍出一个大家族。如今，马尾藻海的海面上布满了绿色的马尾藻，远远望去，仿佛是一派草原风光。

海洋里的植物也会成为海难的制造者。

海洋生物学家们对马尾藻在这里疯狂生长的现象感到不解和困惑。更令人惊奇的是，千百年来，无数船只和飞机闯入马尾藻海海域后，多数都没能从那里逃脱。

为什么马尾藻海海难事件这么多呢？许多航海家推测，失事原因可能是因为轮船在无意中误入这一海域，马尾藻缠住了螺旋桨，使轮船动弹不得，甚至失去控制而造成沉没。有人不同意这种观点，认为它无法解释为什么飞机在这一海域也容易失事。究竟是什么原因使这片海域如此可怕？目前还没有一个令人信服的答案。

威德尔海的魔力之谜

威德尔海有什么魔力？
幻象是怎么产生的？

在航海者眼里，海洋中存在着几个绝不能靠近的禁区，那里是船员们的噩梦，会令他们有去无回。位于南极附近的威德尔海就是其中之一。许多年来，大量的船只在此失事，这片海域由此蒙上了一层神秘的面纱。

关于众多船只在此失事的原因众说纷纭。有幸存者称，船只在威德尔海中航行，就好像在梦幻的世界里飘游，因为那里的冰山时常变幻出各种奇异的颜色。有时船员们明明看到巨大的冰山迎面撞来，可到了眼前却是虚惊一场。有时船员们为了躲开虚幻的冰山，却与真正的冰山相撞。

为什么威德尔海会出现如此多的幻象呢？有人认为，这是船员们在雪白的世界中产生的幻觉。也有人认为，这是太阳的光线照在光滑的冰山表面所反射回来的幻影。孰是孰非，无人知晓，威德尔海至今神秘依旧。

在威德尔海看到的冰山令人虚实难辨。

怪事迭出的百慕大

在百慕大发生了什么怪事？
是什么力量让百慕大如此诡异？

在辽阔的大西洋中，有一片海域令人们谈之色变，那就是怪事迭出的百慕大。据记载，自20世纪以来已有上百架飞机和两百余艘舰船在那里失事或失踪，下落不明的失踪者已达数千人。因此，人们将这片海域称为“魔鬼三角”。

1945年12月5日，美国海军5架“复仇者”式海上鱼雷攻击机，在返航途中竟消失在百慕大群岛上空。飞机失踪前飞行员向地面指挥塔传送的话令人费解：“我们不知道自己在什么地方……我们好像迷失了方向。”“……就连大海也变了样子……”“……发疯旋转的罗盘……”“进入了海水。”飞机失踪后，美国最高军事当局动员了空前规模的舰船和飞机，对包括失事海域在内的几十万平方千米的海陆区域进行了严密搜索，但却连一点飞机残片和油滴都没有找到。

百慕大不只暗藏众多的失踪之谜，还另有神奇之处。有消息说，1983年，当一条由巴哈马群岛驶往迈阿密的游轮经过百慕大的时候，一个女婴在游轮上出生了。离开此地的几个

人们猜测，百慕大的神秘事件可能与外星人有关。

想象中的外星人基地

月后，这个女婴竟长出了怪异的容貌。无独有偶，1988年，据说一对瑞典夫妇乘坐游艇到百慕大历险后，他们的智商都明显上升，只有小学文化的先生居然看得懂学术杂志了，向来对数字不敏感的夫人居然能做相当复杂的数学题。

有人认为这些神秘现象是由于超自然的原因造成的，并由此联想到是否是外星人在作怪。还有人认为是自然原因造成的，如地磁异常、洋底空洞等。此外，还有人用晴空湍流说、黑洞说等观点来解释发生在百慕大的神秘现象。

由于百慕大的海底地形异常复杂，海水很深，洋流活动频繁，经常出现海啸、旋涡、巨浪、台风等恶劣海况，因此考查起来困难重重。不过，我们相信随着科学的进步和人类智慧经验的积累，百慕大的神秘面纱终将被我们揭开。

地球悬疑录 Earth

我国的“魔鬼三角”

在我国南海有一片海域经常发生航船失踪事件。后来人们惊奇地发现，这片海域的位置恰好与百慕大遥遥相对。于是，我国南海“魔鬼三角”的称谓不胫而走。

令人生畏的龙三角海域

龙三角海域为何令人生畏？
是穿透海面的岩浆卷走了船只吗？

△龙三角海域里有很多沉船。

日本的龙三角海域是个变化无常、神秘莫测的海域。千百年来，许多国家的船只都曾在这一片海域失事。近代以来，飞机、船只在此地失踪的事件更是不胜枚举。人们在这里碰到的情况和百慕大三角区大致相同：船只、飞机的罗盘失灵，随后神秘失踪。由此，人们称这片海域为“太平洋中的百慕大”。

连续不断的灾难激起了人们的好奇心，科学家们开始以不同的方式试图去揭开龙三角海域之谜。日本海洋科技中心向海底投放了一些深海探测器。科学家们发现：在龙三角西部海域，岩浆活动频繁，随时都可能冲破薄弱的地壳。但翻滚的岩浆瞬息间又可平息

▽日本海域

下来，让人很难察觉到。另外，由于地下的岩浆像旋涡似的不断上涌，从而形成引力旋涡。如果飞机和船只进入这个旋涡区，通讯就会被阻断，因此外界无法接收到遇难者的无线电讯号。而陷入旋涡中心的飞机和船只必然因失去行驶能力而失事。

此外，当海底发生地震，导致海啸发生时，海啸引发的巨浪时速可以达到每小时800千米以上，这是任何坚固的船只都经受不起的。如果在海啸发生时又正好赶上飓风，那么遇难者别说自救，就连呼救的时间可能都没有了。

龙三角海域方向危机四伏。

为了更深入地了解龙三角，很多科学家不惧风险亲自到龙三角考察。在他们的努力下，终于在那片神秘海域的海底找到了失事沉没的巨轮“德拜夏尔”号的残骸。通过对这艘巨轮的残骸进行分析，科学家们发现导致巨轮沉没的原因是船体解体。而实际上只有海啸的威力才能对这艘船造成这样的破坏。

但这毕竟是个案，相对于长眠于这片深蓝色海域中的数不清的船只而言，是不是还有其他更神秘的原因使这里成为恐怖的船只墓地，还有待人们进一步去探索、发现。

地球悬疑录 Earth

龙三角与百慕大三角区

龙三角与百慕大三角区有很多相似之处，比如：两片海域都呈三角形；它们都位于大陆的东方，并且遥相呼应；它们的海底地形都极其复杂。

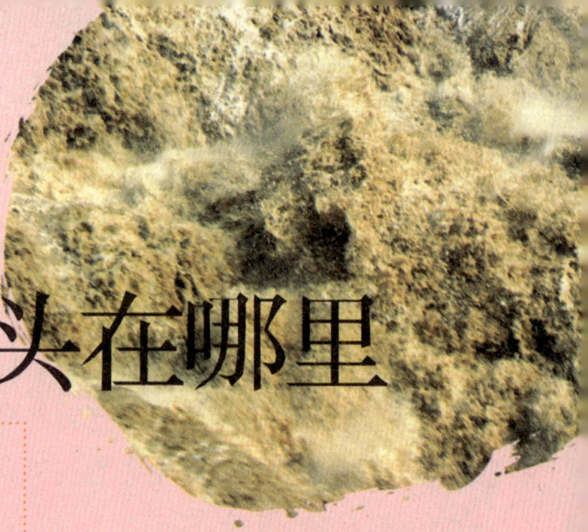

黄河的源头在哪里

黄河的源头为何难以确定?
关于黄河的源头有几种说法?

黄河的源头在哪里？在5000多年的时间里，人们不断地探索着黄河的发源地。然而，限于科学水平和各方面的条件，探索者一般都只追溯到星宿海一带。中华人民共和国成立后，政府曾多次派出河源勘察队，历经千辛万苦，寻找河源。

关于黄河的发源地，目前主要有三种观点：一种观点认为黄河多源，其源头分别是扎曲、卡日曲和约古宗列曲；另一种观点认为，卡日曲全长201.9千米，是上述三条河流中最长的，应定为正源；还有一种观点认为，约古宗列曲是黄河的真正源头。因为黄河的源头不可能是滔滔洪水，而约古宗列曲仅有一个泉眼，可见那里才应该是黄河的真正源头。虽然经过多方论证，约古宗列曲最终被定为黄河源，但在学术界，其他两种观点也并未消失。

滚滚黄河水究竟来自哪里?

香味扑鼻的河流

香水河的香味是河底泥沙散发出来的吗？
是花香导致了香水河香气扑鼻吗？

在非洲的安哥拉境内，有一条香味浓郁的河，叫勒尼达河。这条河全长6000米，人们离河水很远便能闻到奇香扑鼻，越走近香味越浓。由于河水香飘四方，因此现在改名为“香水河”。用这里的河水洗衣服，衣服长时间都会有股香气。

无独有偶，在南美洲的阿根廷和智利交界处也有一条香水河，叫维格纳河。它的河水也能散发出一种浓烈的香气，这种气味与柠檬的味道差不多。

香水河里的香味究竟来自哪里？有人认为，可能是香水河的河底泥沙本身就含有香味。不过，如果河底泥沙有香气，那么受河流冲刷的陆地也应该有香气，可实际情况并非如此。还有人认为，香水河河底可能长有许多能够在水中开花的植物，花的香味溶解于水中，然后再散发出来，导致河水香气扑鼻。但是这些说法只是人们的猜测，导致香水河散发香气的真正原因，还有待科学家们去发现。

也许世界上有很多条香水河。

能自动净化的恒河水

喝受污染的恒河水为什么不会生病？
恒河水为什么有净化能力？

恒河里的沐浴者

在印度教徒的眼里，恒河是净化女神恒迦的化身，而恒河里的水就是地球上最圣洁的水。只要经过它的洗浴，人的灵魂就能重生。每年都有众多的朝圣者怀着虔诚的心来到这里，更有甚者在恒河水里自尽，以期洗去此世的罪孽。人们将尸体打捞起来火化后，会遵死者遗嘱将骨灰洒在恒河里。

年复一年，恒河水受到了严重的污染，成为印度污染最严重的河流之一。可印度教徒依然沐浴在此、饮用在此，却很少中毒或者得病。有的科学家曾做过实验，将一些对人体极为有害的细菌放进取来的恒河水中，没过多久，这些细菌通通都被杀死了。恒河水为什么有净化能力？这还有待科学家们深入研究，才能揭开其中的奥秘。

恒河水有神奇的净化能力。

破解石河之谜

石头为何像浪花般向上翘起?
石河是什么时候形成的?

石河是山洪冲刷山体形成的吗?

在我国浙江省安吉县报福镇深溪村，有一条奇特的石河。与常见的河流不同，石河里没有水，只有一块块状如浪花的巨石。

这些巨石轻则几十吨，重则几百吨，外表松脆，内部却坚硬如铁，三个合金钢钻头都打不了一个眼。如此坚硬的石头为何像浪花般向上翘起呢？石河又是怎么形成的？长期以来，人们对此众说纷纭。

有人认为，石河是第四次冰期的遗迹。在冰期，由于岩石裂隙处极容易产生风化作用，导致岩体不断崩塌或滚落。再加上山间河流的冲刷，由此形成了一条奇特的石河。

石河附近的地貌

也有人认为，由于地壳变动、亚欧大陆板块挤压，造成了山崩地裂。随之而来的山洪不断地冲刷着山体，因此形成了景象奇特的石河。还有人认为，石河是因陨石撞击形成的。但是至今人们还没有找到可靠的证据来证明石河形成的真正原因。

南极的“不冻湖”

太阳辐射能使不冻湖底层的水温升高吗？
是地热造成湖水上冷下热吗？

南极是世界上最寒冷的地方，那里人迹罕至，终年被冰雪覆盖，素有“白色大陆”之称。但在这极冷的世界里，竟然奇迹般地存在着一个不冻湖。

不冻湖表面薄冰层下的水温为0℃左右，随着水深的增加，水温不断增高。在16米深处，水温升至7.7℃。这个温度一直稳定地保持到40米深处。在40米以下，水温缓慢升高。至50米深处，水温升高的幅度突然加剧。至66米深的湖底，水温竟高达25℃，与夏季温带海洋表面的水温相差无几。

围绕不冻湖的问题，科学家提出了种种推测和猜想。坚持太阳辐射说的科学家认为，南极夏季日照时间长，强烈的阳光透过薄冰，把湖底、湖壁都烘暖了。而湖面的薄冰则是很好的隔离屏障，阻止了湖内热量的散发，使湖里就像温室一样，这就是不冻湖上冷下热的原因。

冰雪覆盖的南极大陆

气温极低的南极竟然存在着不冻湖。

但反对者认为，南极夏季日照时间虽然长，但天气终日阴沉，因此地面能吸收到的太阳辐射能很少。另外，有90%以上的辐射能被冰面反射，因此太阳辐射不能使不冻湖底层的水温升高。

坚持地热活动说的科学家认为，不冻湖距罗斯海50千米，罗斯海附近有活动的默尔本火山和目前仍在喷发的埃里伯斯活火山。这表明该地域的地热活动剧烈，受到地热影响，湖水的温度就会出现上冷下热的现象。但是，反对者同样找到证据说，在不冻湖所在的赖特谷地区，迄今尚未发现地热活动，由此否定了这一观点。

另有一些科学家则认为，在南极的冰层下面，也许存在着一个由外星人建造的秘密基地。他们进行各种活动所产生的热量将不冻湖下的冰融化了。

还有科学家指出：不冻湖可能是个温水湖，在湖底有个温度很高的大温泉，是它造成了湖底水温的升高。

不冻湖为何不封冻？湖水为何上冷下热？迄今仍是未能解开的谜。

地球悬疑录 Earth

世界寒极——南极

南极大陆气候酷寒，年平均温度仅-25℃。到现在为止，人们在南极记录到的最低气温为-89.6℃。因此，南极又被称为“世界寒极”。南极的寒冷是由其所处的高纬度地理位置决定的。

目击尼斯湖水怪

尼斯湖水怪长什么模样？
尼斯湖水怪是蛇颈龙吗？

根据目击者描述所绘的水怪

尼斯湖位于英国苏格兰高原北部的大峡谷中，是英国内陆最大的淡水湖。尼斯湖湖长39千米，面积并不大，但平均深度达到200米，最深处有300米。

这样的湖在世界上并不罕见，但是它却因水怪频繁出现而闻名世界。最早的目击记录可追溯到公元565年，爱尔兰传教士圣哥伦伯和仆人在湖中游泳，突然有一只水怪向仆人袭来。多亏传教士及时相救，仆人才游回岸上，保住性命。在此后的十多个世纪里，有关水怪的目击报告达到一万多宗。

1934年，一位伦敦医生拍下了尼斯湖水怪的照片，刊登在报纸上，轰动了全世界。照片虽不十分清晰，但还是明确地显示出了水怪的特征：长长的脖子和类似蛇头的头部，看起来完全不像任何一种水生动物，却像极了恐龙时代的蛇颈龙。这张照片与以前人们对水怪的描述差不多，因此被认为是水怪存在的铁证。

此后，人们开始把水怪与蛇颈龙联系起来，并对此给予极大关注。1960年4

地球悬疑录 Earth

水怪为何不易被捕获

尼斯湖水中含有大量泥炭，导致水中能见度仅在1米左右。并且尼斯湖湖底地形复杂，到处是深谷沟壑，因此尼斯湖水怪很难被捕获。

▲很多人认为，尼斯湖水怪就是蛇颈龙。

月，退伍的英国飞行员汀斯德在尼斯湖拍下了一段录像。画面虽然较粗糙，但是仍然能明显地看到湖里有黑色长颈的巨形生物在游动。

随着科学技术的发展，人们开始借助先进的仪器设备，大举搜索水怪。1972年，美国科考队用水下照相机拍到了水怪的鳍。照片上的鳍呈菱形，估计长约2米。同时，声呐仪也探测到了巨大生物体在湖中移动的迹象。此后，英美联合组织了大型科考队，对尼斯湖进行考察。但遗憾的是，人们除了又录下一些声呐资料之外，一无所获。由于追捕水怪的失败，持否定观点的人又逐渐多起来。

有人认为，尼斯湖水怪其实是好几条七八米长的大型鳗鱼。由于没有天敌，这些鳗鱼越长越大，最后就成了人们所说的水怪。此外，还有人认为，所谓的水怪只不过是腐烂的松木而已。那些木头竖直浮在水面上，远远看去确实很像长脖子。但更多的人相信水怪确实存在。真相究竟如何呢？谁也不能妄下定论。

▼尼斯湖的风光与这里非常相似。

定点涨落的马拉维湖

马拉维湖为什么定点涨落？
马拉维湖水位的消长周期为何不稳定？

马拉维湖位于东非大裂谷底部，是当今世界上的奇湖之一。马拉维湖的奇特之处，在于它的水位有涨有落。人们通过长期观察，发现在上午9点左右，湖水开始渐渐消退，直到出现浅滩才渐渐停息。

下午3点，消失不见的湖水开始陆续返回家园，马拉维湖又逐渐恢复了泱泱大湖的丰姿。下午7点，静谧的湖面又开始骚动，只见水位不断上升，漫溢八方。两个小时后，湖面才渐渐平静下来。

然而，马拉维湖水位的消长周期并不稳定，有时一天一次，有时数日一次，有时数周一次，但都是上午9点左右拉开涨落的序幕，前后大约持续12个小时。这种奇特现象的成因虽经各国地理学家多年探究，但至今仍是个谜。

像海水一样，马拉维湖能定点涨落。

使人悬浮的怪湖

湖水为什么能使人悬浮？
人体悬浮现象有规律吗？

神秘的怪湖

据说阿根廷有个名叫沙兰蒂纳的神秘湖泊，湖面虽然不大，却经常发生怪事：在湖里游泳的人有时会突然悬浮在空中，就好像失重了一样。怪湖过去几乎不为人所知，但是自从1998年初频频发生怪事以后，名气一下子大了起来，吸引了成百上千的旅行者以及科学家前去探险。

美国物理学家卡罗斯在1999年2月来到这里，对怪湖发生的奇特现象进行跟踪研究。卡罗斯说：“怪湖发生的这种使人体悬浮的现象并无规律可循，人体悬浮时间有长有短，从20秒到半小时不等。怪湖直径约180米，但只在靠近岸边45米的区域内才出现悬浮现象，万有引力学说显然无法对此进行解释。”卡罗斯为了体验怪湖悬浮现象，日夜守候在湖边。幸运的是，至今他已体验了5次不同寻常的悬浮。尽管如此，卡罗斯也没能解答怪湖悬浮之谜，谜底或许还需要经过更多的研究才能揭开。

死海让人悬浮其中是海水浮力大的缘故，但沙兰蒂纳湖让人悬浮空中就令人费解了。

会变色的喀纳斯湖

喀纳斯湖能变幻出什么颜色?
喀纳斯湖为什么会变色?

9月的喀纳斯湖秋色浓郁，风光如画。

喀纳斯湖位于我国新疆北部的阿尔泰山区，是著名的生态保护区之一。

喀纳斯湖与其他高山湖泊一样，湖水主要来自冰雪融水。然而奇怪的是，它的湖水会随着一天之中的光线变化而改变颜色。太阳初升之时，湖水是蓝色的。等到太阳升上树梢，湖水就变成碧玉一般。过了一会儿，湖水又变成黄色，先是鹅黄，然后变得金灿灿的。

更奇特的是，有时候喀纳斯湖湖面上竟能同时出现各种色彩，这里变红，那里发白，更远处则呈现紫色……五彩斑斓，变幻莫测，令人眼花缭乱，目不暇接。

喀纳斯湖因湖怪传说更显神秘。

喀纳斯湖为何会变色？有人认为是湖水成分造成的，有人认为是湖底构造的缘故，还有人认为是云雾、阳光、两岸山体植被和湖面水汽相互作用的结果……时至今日，无论哪种说法都没有得到证实。

时隐时现的变幻湖

乔治湖时隐时现的原因是什么？
现在的乔治湖是什么样子的？

变幻湖的真名叫乔治湖，位于澳大利亚首都堪培拉与沿海大城市悉尼之间。它的神奇之处在于行踪不定，每隔一段时间就会消失，过些日子又重新出现。

消失前的乔治湖

从1820年至今，乔治湖已经消失和复现5次了，最近一次消失是在1983年。现在呈现在我们面前的是一个滴水全无的洼地。科学家们曾对这一奇怪的自然现象进行了多年的研究。

有人认为，乔治湖是时令湖，水源主要是河水和雨水，如果当年雨量少，水分大量蒸发，湖水就会干涸；如果降雨充足，河水丰盈，湖水又会再现。也有人认为，乔治湖是个“漏湖”，它的消失与复现与其所在的地球板块具有开启和关闭的“特异功能”有关。

由于众说纷纭，所以要揭开乔治湖时隐时现之谜尚需时日。

如今的乔治湖已成为天然牧场。

鱼都不愿去的空湖

空湖的水有毒吗？
鱼在空湖里能存活吗？

“鱼水情深”这句话为人们所熟知，鱼离不开水，水也离不开鱼，江河湖泊里肯定都会有鱼的存在，这已经成为人们生活中的常识了。但常识往往也有例外，在俄罗斯库兹涅茨克地区，就有这样一个没有鱼的淡水湖。在这个湖边，看不到捕鱼者和垂钓者，因为人们从未在这里找到过一条鱼，因此当地的人们称这个湖为“空湖”。

空湖并不是一潭死水，附近有其他湖与之相连。但令人奇怪的是，从其他湖里游来的鱼，每当游到这个湖的入口处时，便匆忙掉头往回游，不愿再前进一步。当地人也曾多次将鲈鱼、鲫鱼等放进湖里，但却没有一条能够存活下来，因此许多人认为这个湖的湖水有毒。可是经过化验，人们并未在湖水中发现任何有毒物质，而且湖中的植物生长茂盛，与其他的湖并无二致。

空湖的湖水究竟有什么神秘力量？

时至今日，人们始终无法解开湖水无毒但却没有鱼的奥秘。

揭秘圆锥湖的成因

圆锥湖是小行星撞击形成的吗？
圆锥湖可以由人力造就吗？

波森维湖是史前小行星撞击地球形成的吗？

波森维湖位于非洲的加纳，它的外形就像蛋筒冰淇淋一样，是一个标准的圆锥形。因此，人们又将它称为“圆锥湖”。

波森维湖是怎么形成的呢？有人认为，在地球的原始阶段，由于没有大气层的保护，小行星猛烈撞击地球就会形成波森维湖这样的圆锥形。他们还根据波森维湖的大小，推算出这颗小行星的直径不小于3000米。也有人说，波森维湖是火山喷发后留下的一个火山口湖。可是地质学家通过调查，没有发现这一地区在历史上有过火山活动的记录。

还有人认为，波森维湖是人工挖掘出来的。可是，挖这么大的湖需要挖走几亿立方米的泥土，如此浩大费事的工程会有什么目的呢？再者，波森维湖湖壁光滑无比，根本不似人力所为。

尽管人们对波森维湖的成因做了种种猜测，但是至今仍无定论。

如果将波森维湖里的水放干，那么它就会大致呈现出图中的模样。

魔鬼水域鄱阳湖

鄱阳湖为什么被称为魔鬼水域？
鄱阳湖的魔力来自哪里？

鄱阳湖的候鸟保护区

鄱阳湖位于我国江西省北部，湖面南部宽阔，北部狭窄，就像一个美丽的葫芦被安放在长江下游的南岸。然而，秀美的鄱阳湖却又无比神秘。许多年来，无数的船只在这里神秘消失，给人们留下了一个个难以解释的谜团。

1945年4月16日，一艘日本轮船在鄱阳湖水面上飞快地行驶着，船上装满了金银珠宝和价值连城的古董文物。突然，在离鄱阳湖“魔鬼三角区”——老爷庙水域2千米的地方，轮船猛然不动了，紧接着便悄无声息地沉了下去，一直落入湖底。不一会儿，湖面又恢复了往日的平静。驻扎在江西省九江市的日本侵略军听到这个消息，立即命人前去打捞那些金银财宝和古董文物。然而，所有的打捞队员都是有去无回。

风光秀丽的鄱阳湖

抗日战争结束后，国民党政府请来了美国著名的潜水打捞专家艾德华前去打捞湖里的财宝。然而，艾德华和他的队员们经过几个月的打捞也没有发现这些财宝，甚至还失踪了几名队员。40年后，艾德华在自己的回忆录中描述说，当时他们潜入水下时曾经看到白色的光线向他们照射过来，同时还有一股神秘的力量在吸引着他们。在那股力量的吸引下，除了艾德华侥幸逃脱以外，其他队员全都失踪了。

为了解开老爷庙水域沉船之谜，江西省组织了很多科学家对当地的气象做了长期调查。科学家们发现，当地是大风多发区，平均每两天就有一天刮6级以上的大风。由于当地的地势原因，大风到了此处，风速会骤然提高。大风往往能在水面上卷起2米高的巨浪。这么强大的风浪，一般航行在当地湖泊中的船只是承受不住的。因此他们得出结论，风浪便是造成当地沉船的罪魁祸首。如果真相果然如此，那么艾德华看到的白光又是怎么回事？看来鄱阳湖带来的谜题还有待人们进一步研究。

地球悬疑录 Earth

珍禽王国——鄱阳湖

鄱阳湖地区温暖潮湿，生活着大量的鱼虾螺蚌，是白鹤、天鹅等众多候鸟的理想越冬地。每年10月，成千上万只候鸟从北方飞来，直到翌年春才逐渐离去。因此，鄱阳湖被称为“珍禽王国”。

大明湖哑蛙之谜

大明湖为什么没有蛙鸣声？
为什么别处的青蛙来到大明湖也不叫了？

在我国山东省济南市的大明湖里有许多青蛙，但却有一个奇异的现象——没有蛙鸣声。更令人奇怪的是，外面会叫的青蛙来到大明湖也会变成哑蛙，而一旦离开却又正常如初。这真是个奇怪的现象。

对于这种现象，有人分析说，大明湖湖水是地下水形成的，富含矿物质。在这些矿物质中，很可能有一种或几种会影响青蛙的声带，使得它们无法鸣叫。也有人认为，青蛙不叫可能与大明湖的水温有关。青蛙到了发情期，只要温度适宜就会鸣叫。但在青蛙发情的季节，大明湖湖水温度较低，因此青蛙便不叫了。而湖中的青蛙一旦离开大明湖，进入较高温度的水域，自然会重新叫出声来。如今，大明湖哑蛙之谜仍无定论，事情的真相仍需后人继续探究。

风光秀美的大明湖

圣泉“起死回生”之谜

神奇的圣泉在什么地方？
圣泉让人起死回生的奥秘何在？

人们有时通过泡温泉的方式治疗疾病。

闻名世界的圣泉位于法国比利牛斯山的一个岩洞中，泉水以具有神奇的治病功效吸引了世界各地的人慕名而来。他们不远万里来到这里，仅仅在圣泉水池内浸泡一下，病情便能减轻，有的竟奇迹般地痊愈了！据报道，在过去的124年里，被医学界所承认的通过圣泉治好垂危病人的医疗奇迹就达64例。这64位痊愈的患者病例均经过了国际医学委员会严格的审定。

圣泉为什么能让人“起死回生”呢？有人认为，这是心理暗示起的作用，使得一些疾病得以痊愈。也有人认为，可能有些患者患的并非不治之症，纯粹是误诊罢了，因而在圣泉浸泡后便不药而治。但这种怀疑似乎证据不足，因为患者的先前病史曾经过严格的核实，有数百名医生、医学研究人员可以作证。

那么，圣泉治病的机理究竟何在呢？随着现代医学的不断发展，相信人们一定能解开这个谜团。

比利牛斯山

天然酒泉之谜

酒泉为什么能“酿造”啤酒？
泉水含有特殊的矿物质吗？

在我国内蒙古锡林浩特市西北80千米处，有一眼天然矿泉，这眼矿泉简直就是一座天然酿酒厂。泉眼直径大约为39厘米，喷出来的泉水清澈冰凉，伴有大量的气泡。

这里的泉水虽然闻起来没有任何特殊气味，可喝在口中却甘甜清爽。等到下咽时稍稍有一点苦味，还有一丝难以说清楚的酸味，简直可以与鲜啤酒相媲美，因此当地人把它叫作“酒泉”。

酒泉流量很大，日涌量超过30吨。泉水冬温夏凉。人们经常来到山泉边，把泉水当成啤酒畅饮。颇为神奇的是，泉水只在涌泉处喝着有啤酒味，要是装到别的地方，啤酒味马上就消失了。

这眼天然酒泉吸引了许多专家的目光。他们对泉水的化学成分进行了分析，认为它含有丰富的矿物质，并且不含热量，是人体理想的矿物质补充品，可以作为天然饮料开发。可是，这座天然酿酒厂的“生产原理”到底是什么呢？专家们至今也没弄清楚。

清澈的酒泉

喊泉为何闻声而涌

喊泉是间歇泉吗？
是声波让泉水喷涌而出的吗？

△ 喊泉随喊声喷涌而出。

所谓喊泉，就是泉水随喊声而涌，不喊不涌。这种泉水在我国已经发现多处。其中在湖南省新宁县万峰乡发现的喊泉，只要人们对着泉水所在的山洞齐声呼喊“来水哟”，不一会儿，清澈的泉水就会顺着山洞流淌出来，喊声越大，水流越急。不久，泉水渐渐减少，直到完全停止。

位于贵州省施秉县灵官崖下的喊泉更是奇特。游人到此，只要喊声“讨口茶喝”，泉水便汩汩涌出，让你享受山泉的甘甜；当喊声“谢谢”，泉水便应声而止。再呼喊，水又会流出来，如此反复不止。

经过考察，有的科学家认为，喊泉其实是间歇泉。由于间歇泉时喷时停，如果其喷涌的时间刚好和喊声一致，便被误认为是喊声导致的，其实它和人们的喊声没有任何因果关系。有的科学家认为，当人们对泉口吼叫或发出其他声响时，声波传入泉洞里的储水池，会产生一系列的物理声学作用，如共鸣、回声、声压等，泉水便呼之而涌。真相究竟如何呢？人们尚不得而知。

古鼎龙潭奏乐之谜

古鼎龙潭能发出什么样的音乐声？
古鼎龙潭的音乐声是怎样形成的？

在我国广西壮族自治区有一个奇妙的古鼎山洞，山洞里有一个令人着迷的龙潭。这龙潭的潭水看起来没有什么奇特之处，可是它却能“演奏”出悠扬悦耳的音乐。

有人推测是波浪拍打钟乳石发出了类似古乐的声音。

龙潭最近一次“演奏”发生在1986年1月9日。人们听到潭水里传出锣鼓声、木鱼声、唢呐声等古乐声，仿佛那里正在举办着佛事活动。这种奇特的现象一直持续到1月11日的中午才渐渐消失。龙潭奏乐现象在1953年曾出现过一次，没想到33年后又重新出现，真叫人百思不得其解。

曾经有地质考察队员进入山洞里，因山洞里寒气逼人，他们实在抵挡不住便退了出来。有人猜测说，这个山洞蜿蜒曲折，并且有水。由于洞里面的风特别强劲，会掀起水浪，波浪拍打着山洞里的钟乳石，便产生了酷似乐器的声音。也有人说，也许古人曾在古鼎龙潭附近奏乐，自然界存储了这些声响，等条件适合时便释放出来。不过这些说法只是猜测，真正有说服力的结论还没有出现。

龙潭“奏乐”时夹杂有锣鼓的声音。

定期互换清浊的鸳鸯井

鸳鸯井是何时打造的？
鸳鸯井为何能定期互换清浊？

在我国四川省武胜县飞龙镇木井村附近，有两口古井。两井相距4米，一口叫上木井，一口叫下木井，凿于何时已无法得知。

经过长期观察，居住在这里的人们发现：端午节前，上木井水清澈甘甜，下木井水浑浊肮脏，上面还漂着黄色漂浮物，不能饮用。但是到了端午节，上木井的水变浑变脏，下木井的水变清变甜。到了中秋节，两口井水质再次互换。年年如此，从未错过日期。对此，地质工作者分析，两井所在地的地质结构存在裂隙。当天热时，地下水进入上木井裂隙，地下硫化物随地下水进入上木井，就有可能形成黄色漂浮物并导致上木井变浑。天冷时，地下水改变方向进入下木井，于是就出现了清浊互换的情况。

鸳鸯井附近有丰富的地下水。

但是，居民们还发现，在任意一口井取水时，另一口井的水位也会同时下降，这说明两口井是相通的。但相通的地下水是如何做到“清浊分明”的？古人打出如此巧妙的鸳鸯井，是巧合还是他们已掌握地下水流方向变化的规律？直到现在，人们仍然无法解答。

具有放大镜功能的古井

古井为什么具有放大镜功能？
古人修造这口井有什么用途？

中国有很多神奇的古井。

放大镜是一项重大的科技发明，如果说中国在古代就已掌握了这种技术，你一定不会相信吧？然而不管是奇迹还是巧合，今天的人们还真发现了具有放大镜功能的古井。如果把硬币扔进井里，人们便能在古井上面清楚地看见这枚硬币，包括它的轮廓及上面的纹路和字迹。

这口奇特的古井位于曾经发现铜奔马的古凉州雷台汉墓，位置在距地下墓道入口2米的地方，它的全部墓身都是由汉代薄砖砌成的。这口古井以前的真正用途究竟是什么？难道古人真将它当成放大镜用吗？这似乎太不可思议了。但是，如果放大镜功能不是刻意造成的，那么它就是一种大自然的奇迹，而这又当如何解释呢？有人认为是由于光的原因，古井里的灰尘在光的照射下可能形成某种折射，从而形成了与放大镜同样的效果。也有人说奥秘就在那些汉代薄砖本身，它们的雕砌方法可能无意间造成了这种奇特的效果。然而，这些解释都不能令人满意，人们仍期待着更为合理的解答。

古井为何具有放大镜功能？

[第四章]

变幻无常的气象

“天有不测风云”，是人们对地球上大气变化的形象描述。大气每时每刻都在发生着变化，而表现出来的各种现象，如：风、云、雷、电、雨、雪等就是所谓的“气象”。彻底认识和掌握气象运行规律，对人类来说至今仍是重大难题。目前人类仍被许许多多气象现象所困惑，像极光形成之谜、罕见的夜光云、行为古怪的龙卷风、天降火雨、日月并升等。这些未解之谜还有待人们去揭示。下面，就让我们一起走进神秘的气象世界，看一看大自然留给我们的未解谜题吧！

神秘的极光

极光一般在哪里出现？
极光是怎么产生的？

在南北两极附近的高空，夜间常会出现一种奇异的光。其色彩斑斓：有紫红色，有玫瑰红，有橙红色，也有白色和蓝色；其形状也是千差万别：有的像空中飘舞的彩带，有的像一团跳动的火焰，有的像帷幕，有的像柔丝，有的像巨伞。这种大自然的“火树银花不夜天”的景象就是极光。

1957年3月2日夜晚，人们在我国黑龙江省呼玛县的上空观察到了这种奇异的极光。7点多钟，西北方的天空中出现了几个稀有的彩色光点，接着，光点放射出不断变化的橙黄色的强烈光线。不久，光线渐渐模糊而形成片状。尔后，光线逐渐变弱，到8点30分消失。但10点零3分，这一情景又再次出现。令人惊奇的是，在同一天晚上7点零7分，新疆北部阿尔泰山背后的天空也出现

出现在新疆阿尔泰山背后的极光

了鲜艳的红光，像山林起火一般。天空中放射出很多垂直于地面的略显黄色的光带。渐渐地，这些光带变成了银白色。各光带之间呈淡红色，并不断忽明忽暗地变幻着。光带的长短也在不断变化。7点40分左右，光带伸展到天顶附近，这时的光色最为鲜明，好似一束白绸带，飘扬在淡红色的天空中。大约10点钟，极光完全消失。

耀眼的极光

我国早在几千年前就有了关于极光的记载，只是当时的人们不了解这种自然现象的起因，而把它当成灾难的先兆。随着科学的进步，人们不再相信这种迷信的说法，开始从科学的角度来观察它、研究它。

地球悬疑录 Earth

古人对极光的记载

早在2000多年前，我国的《山海经》中就有了关于极光的记载。书中谈到北方有位叫触龙的神仙，形貌如一条红色的蛇，在夜空中闪闪发光。这里提到的触龙，实际上就是极光。

科学家们认为，极光的形成与地球磁场以及太阳辐射有关。当太阳黑子发出的高能质子和电子到达地球时，受地球磁场的影响，大部分进入南极和北极地区，在下降过程中会碰撞高层大气的原子。大气原子受力会发出闪耀的光辉，由此形成极光。

出现在黑龙江省呼玛县上空的极光

根据这种解释，极光应该在极地上空以某种“辉点”的形式出现。然而实际情况却不是这样的，在极地上空出现的是一些不规则形的弧线幻象。那么，神秘的极光到底是怎样形成的？这至今仍是个谜。

厄尔尼诺现象探秘

什么是厄尔尼诺现象？
厄尔尼诺现象是天灾还是人祸？

△ 厄尔尼诺现象导致一些地区洪水泛滥。

在南美秘鲁和厄瓜多尔沿岸，海水每年都会出现季节性增暖现象，因为这种现象发生在圣诞节前后，因此被当地渔民称为“厄尔尼诺”，即“圣婴”（上帝之子）的意思。厄尔尼诺现象每隔3～5年就会重复一次，每次要持续几个月，甚至一年以上。

到底是什么原因导致了厄尔尼诺现象的出现呢？科学家们对此一直众说纷纭，难有定论。有人根据近百年的资料统计，发现75%左右的厄尔尼诺现象是在强火山爆发后一年半到两年间发生的，由此认为是海底火山爆发造成了厄尔尼诺现象。还有人认为，厄尔尼诺现象是地球自转变慢造成的。如今，厄尔尼诺现象频繁发生，滞留时间也大大延长了。这一现象引起了科学家们的注意。很多人认为，厄尔尼诺现象的频繁发生与地球变暖有关。那么，厄尔尼诺现象到底是天灾，还是人祸？至今仍是个谜。

◁ 厄尔尼诺现象带来干旱和炎热，很容易引起森林火灾。

解密拉尼娜现象

什么是拉尼娜现象?
拉尼娜现象有什么规律?

暴雨是拉尼娜现象的征兆之一。

拉尼娜是指赤道太平洋东部和中部海面温度持续异常偏冷的现象，与厄尔尼诺现象正好相反，因此取名为“拉尼娜”，意为“上帝的女儿”。

拉尼娜现象的征兆是飓风、暴雨和严寒，一般出现在厄尔尼诺现象之后。人们认为这是地球在厄尔尼诺现象后的矫枉过正现象。那么，拉尼娜现象的发生有没有一定的规律呢？例如，它的发生周期长短受什么制约？它的强度变化是否有代表性的信号？对此人们还无法解释。

另外，有些气象学家经观察后发现，拉尼娜现象与厄尔尼诺现象一般各持续一年左右，然而1998年出现的拉尼娜现象却持续了两年，直到2000年春季才逐渐减弱。但是他们还无法解释此次拉尼娜现象延长的原因。看来，拉尼娜现象的出现，并不是单一因素所能解释的，它的形成也许是海洋、大气等诸多因素共同作用的结果。相信在不久的将来，拉尼娜现象之谜一定能解开。

看不见的隐形云

隐形云为什么能隐形？
隐形云广泛分布在天空中吗？

看似万里无云的天空，也许飘浮着隐形云。

通常，我们看到的云千姿百态，但有一种云却是用肉眼看不见的，它就是“隐形云”，也叫“透明云”。

隐形云的发现非常偶然。一次，几位苏联气象学家在飞机上观测高空大气，发现当时的天空虽然万里无云，但是飞机上的云层观测雷达屏幕上却显示出了清晰的云层。经过几年的连续观察和测试，学者们又在其他地区上空多次遇到这种隐形云，其中在西伯利亚上空发现的隐形云面积最大，竟然达到600平方千米，云层厚度为500米。看来，隐形云并不是偶然出现的，而是广泛地分布在天空中。

研究人员解释说，隐形云由极微小的分子构成，几乎不反射太阳光，因此人眼看不见。有意思的是，隐形云只在阳光充足的晴朗天气里才出现，落日时最容易被发现。现在，人们对隐形云的了解还很少，有关它的形成原理和变化过程，至今还是个谜。

寻常的云能用肉眼看到，但隐形云却无法看到。

罕见的夜光云

夜光云有什么特征？
夜光云是怎么形成的？

1885年，一位天文学家在傍晚时注意到高空有片略带蓝色的云彩。奇怪的是，这种云就像块明亮的玻璃，能透出云后闪烁的星星。它就是夜光云。

夜光云是一种罕见的云团，近100年来有过记录的观察不过800多次，是科学界迄今了解最少的气象现象之一。夜光云看起来有点像卷云，但是比它薄得多。这种云距地面的高度一般在80千米左右，往往出现在中高纬度地区夏季的黄昏后或黎明前。在这一特定时间发现夜光云是非常自然的，因为时间太早会因其太薄而看不见，太迟了它又会落到地球的阴影之中。

美丽而又神秘的夜光云

我们知道，云是由小水滴或冰晶构成的，然而高空的大气非常稀薄，几乎没有尘埃和水汽，怎么会出现夜光云呢？有科学家认为，夜光云是由流星灰构成的，也有科学家猜测夜光云是由火箭排出的水汽形成的冰晶。但是高空探测结果表明，构成夜光云的物质远比我们想象的要复杂。关于夜光云的物质来源和形成过程，还有待专家们进一步探索。

夜光云能透出云后闪烁的星星。

地震前为何有天兆

地震前会出现什么样的天兆？
地震云是怎么产生的？

据气象观测报道，某些中强地震发生前，在其周围地区的天空中，会出现形似辐射状、肋骨状或条带状的云，这就是地震云。

地震发生示意图

地震云出现的时间以清晨和傍晚居多，地震云的长度越长，表明距离发生地震的时间越近；地震云的颜色看上去越恐怖，表明将发生的地震强度越强。

地震云往往与地震相伴出现。

那么，地震云是怎么产生的？有些人认为地震前地壳会发生断裂，因地热聚集于地震带，或因地震带岩石发生激烈摩擦而产生大量热量，这些热量上升到高空凝结成云，就形成了地震云。也有人认为地震云是由空气中的水滴构成的，地震前沿着地震带方向的地磁会发生异常，使这些小水滴沿地震带的磁力线方向排列，经久不散。还有人认为，地震云和地震之间没有对应关系，两者先后出现可能只是巧合。真相究竟如何，还有待人们进一步考证。

地震云

奇异的“夜太阳”

在哪里能看到“夜太阳”？
“夜太阳”是太阳蜃景吗？

当你欣赏宁静的夜色时，却发现头上高悬着一轮烈日，你是否会感到惊讶呢？这种奇异的天象就是所谓的“夜太阳”之谜。

关于“夜太阳”现象，古今中外都有发现。在国外，“夜太阳”的奇事可以追溯到公元前2世纪的意大利。在我国，这种奇事更是广见于各种历史书籍。“夜太阳”最近一次发生在1989年7月8日晚20时47分，最佳观察地点在我国江苏省兴化市唐刘乡姜家村附近。“夜太阳”发生时，耀眼的金光洒向大地，把姜家村南边的河水映得闪闪发亮。

这种现象该如何解释呢？有人认为，“夜太阳”其实是一种太阳蜃景，就像海市蜃楼一样，都是大气的杰作。也有人认为，“夜太阳”其实是火流星，因为火流星运行速度很快，当它与大气中的分子强烈碰撞时，表面就会因熔化而发出光芒，由此形成耀眼的火球。还有人认为，“夜太阳”可能是神出鬼没的飞碟。当然，这些仅仅是猜测，要破解“夜太阳”之谜，还有待于人们深入的研究。

冉冉升起的太阳

日月并升之谜

日月并升的现象有规律吗？
人们看到的日月并升奇观是怎样产生的？

每个月的农历初一，日月都是并升的。但是由于月亮和太阳位于同一方向，太阳的光芒远远超过月亮，因此白天是看不见月亮的。但是在我国浙江省钱塘江北云岫山鹰巢顶上，一般在每年农历十月初一清晨，人们却能看到“日月并升”奇观：太阳和月亮重叠在一起，同时从钱塘江水面升起；有时月亮先升起，几乎在同一直线上，太阳随之出现；有时太阳升起后，淡灰色的月亮冉冉升起，并在太阳的边缘忽上忽下、忽左忽右地跳动着。当太阳和月亮重叠时，太阳的四周会出现一个光环，构成一幅奇妙无比的画卷。日月并升现象一般持续20分钟左右，待太阳大放光芒时就消失了。

那么，这种现象是如何产生的呢？有人说，这是日食的一种表现。然而日食不一定非要出现在农历十月初一，并且天下各地均可同观。也有人说，这是由于江海上空气候的剧变，冷暖气流的交换，使大气层底部的温度、湿度和密度发生变化，使阳光在其中产生折射而造成的异常现象。但种种说法都有不足之处，人们看到的日月并升奇观形成的真正原因，至今仍是个谜。

日月并升现象

白天突然变黑夜之谜

是火山爆发造成的黑暗吗？
是外星人的造访使白天变成黑夜的吗？

晴空突然变成黑夜。

在晴朗的白天，突然间出现了一段时间的黑暗。它既不是日食，也不是发生在龙卷风之前，而是区域性的暂时情况。这种现象在古今中外曾多次发生。1944年秋天的一个下午，在我国辽宁省班吉塔镇，原本晴朗的天空突然阴云密布。没过多久，黑云压顶，天地间霎时变得如深夜般漆黑一片。大约1个小时后，黑暗渐渐退去，天空又恢复了光明。

对大白天突如其来的黑暗，有人说它与火山爆发有关。也有人说它很可能与天外来客有关：他们乘坐巨大的飞行器从地球上空穿过，造成地球上某些地方暂时的黑暗。到目前为止，对于这种天象奇观，还没有合理的答案，只能期待科学家们进一步研究、探讨，并最终弄清这种天象奇观形成的原因。

晴朗的天空，黑暗突然降临。

行为古怪的龙卷风

龙卷风有什么古怪的行为？
是什么力量阻止了龙卷风的移动？

卫星拍摄到的龙卷风风眼

龙卷风的样子很奇特，像一个倒挂在天上的大漏斗，上部是一块乌黑或浓灰的积雨云，下部是漏斗状的云柱。它像一个巨大的吸尘器，在经过地面时将地上的一切都卷走。同时，龙卷风又是短命的，一般只持续几分钟到几小时，刚走了10米到10千米左右的距离就消失了。

龙卷风的行为还很古怪，难以捉摸。它在席卷城镇、捣毁房屋时，有时候能把碗橱从一个地方刮到另一个地方，却不打碎碗橱里的碗。吓呆了的人们被它抬到高空，运气好的话还会被平平安安地送回地面。

1953年8月23日在苏联发生的一次龙卷风非常离奇，大风在吹开了一户人家的门窗后便不再移动了。是什么力量阻止了它的移动？虽然人们对龙卷风的古怪行为进行了多年的研究，但仍有很多谜没有解开。

状如漏斗的龙卷风

形形色色的怪风

自然界中有什么样的怪风？
怪风是怎样形成的？

神秘的怪风

世界上有各种各样的怪风，比如有一种风总是围着人转圈，人走，它也跟着走。有人叫它鬼风，实际上它是尘卷风。当风遇到障碍物后，就会改变前进的方向。在山区，有一种风能使森林发生火灾，这种风叫焚风。

这些怪风其实也不怪，它们都是由于空气在流动中受到特殊地形的影响而形成的。真正怪的还是那些等待揭开谜底的风。在荷兰某村庄，一阵黑云飘过之后，便刮起一股灼人的热风，竟然将村民的皮肤烧伤，牲畜与庄稼也受到严重损害。在挪威某地也曾刮起一阵冷风，它竟能像刀一样刮破人的皮肤。据说，这是由强烈的旋风所引起的，真空气旋与人体接触时，能使皮肤骤然裂开而让人们受到伤害。

焚风能使森林发生火灾。

最近，人们又发现了一种静止旋转的怪风。这种怪风可使农作物倒伏，而且倒伏的作物呈大圆环状。但是这些怪风究竟是怎样形成的，还有待于人们深入地研究。

晴天里的“声控雨”

晴天为什么会下雨？
雨量为何随音量大小产生变化？

2006年10月12日清晨，在我国辽宁省丹东市五龙山佛爷洞附近3平方米的地方，大晴天里竟然下起雨来。雨点晶莹透亮，淅淅沥沥地下个不停。有人拍手或高声说话时，雨点降落的速度便会明显加快，雨量也随之增加。但是只要离开这3平方米的范围，就不见了雨点的痕迹。

晴天里的“声控雨”是如何形成的？有人说，五龙山上空气湿度大，空气中的水汽含量多数时间处于饱和或接近于饱和的状态。当出现声波振动时，会引起空气振动，由此产生降雨。

也有人说，真正的晴天是不会下雨的。如果不停地下雨，只能说明附近有积雨云，并且有风不停地吹来雨水。掌声响起与雨水降落只是一种巧合。还有人说，下雨的地方有近百岁的枫树，这说明雨的形成与枫树有关。五龙山空气湿润，常年云雾缭绕。当水汽上升时，遇树冠便凝结成了小雨滴。掌声会引起空气的振动，加快了雨滴的形成。

晴朗的天空也可能突然下起雨来。

究竟哪种说法才是晴天里“声控雨”的确切成因呢？目前尚无定论。

天降火雨

火雨是怎么产生的？
火雨引发的火灾应如何扑灭？

火雨会引发火灾。

火雨又称干雨，是“高空下雨，低空无雨”的自然现象。下火雨时，可看到天空阴云密布，雨点从云中降落，但是并不落地，大地依然干旱、灼热。人们很早就注意到了火雨，只不过它极为少见。大约100年前，火雨曾毁灭了亚速尔群岛地区的整支舰队。火雨还曾引起美国得克萨斯州草原特大火灾。

火雨制造的火灾很难扑灭。灭火时，不仅要扑灭燃烧着的特殊物质，还要对付火雨带来的高达2000℃的高温。因此，扑救这种火灾时除使用水外，还要使用特殊的硅质粉，以隔断热源同氧气的接触。

对于火雨的成因，目前有两种观点。一种观点认为，彗星散落的特殊物质落入地球，制造了火雨。但是化学家通过对火雨发生地的调查分析，没有发现彗星残留物的痕迹。另一种观点认为，火雨现象是我们尚未认识的、另一种文明的破坏活动。事实果真如此吗？相信随着科学的进步，人们一定能得出正确的结论。

有人猜测火雨是彗星引发的。

天上飘落“蛛丝雨”

下“蛛丝雨”时有什么奇特现象？
“蛛丝雨”是怎样形成的？

雨是一种常见的自然现象，可是你见过天上飘落的“蛛丝雨”吗？与传统意义上的雨不同，“蛛丝雨”没有雨滴，落下的只是细细的白色蜘蛛丝。这种现象已发生过好几次。

1741年9月21日早晨，在英国的布来得福德草原上空，突然有蜘蛛丝像雨一般地飘落下来，并且不间断地落了一整天。密集的蜘蛛丝并没有在空中任意飘荡，而是像棉絮片一样飘落，落下的速度很快，显然比空气重。这些蜘蛛丝异常粗大，飘落的蜘蛛丝几乎覆盖了整个草原。

1883年10月16日，在法国吉伦特地区蒙图萨上空出现了厚重的乌云，不久落下稠密、细软的蜘蛛丝。蜘蛛丝聚拢起来，变成一团团白色绒毛状东西。不可思议的是，这种白色物质用火烧后，竟能变成炭。

“蛛丝雨”出现前天空阴云密布。

令人惊奇的是，“蛛丝雨”降落时并没有蜘蛛出现。那么，“蛛丝雨”的形成原因到底是什么呢？几个世纪过去了，至今仍无人能给出合理的解释。

奥秘无穷的雪花

为什么雪花都是六边形的？
雪花的分枝过程能够模拟吗？

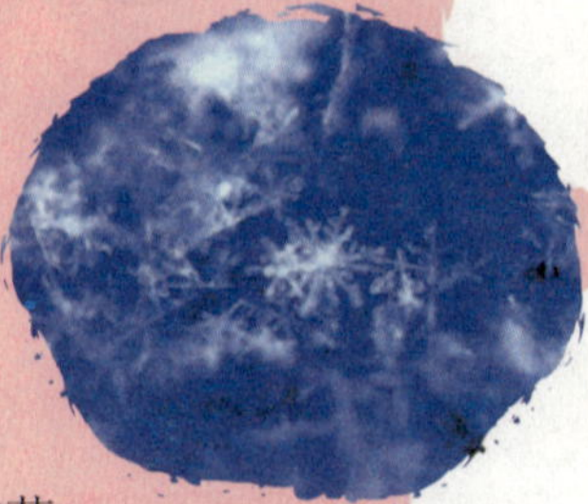

下雪时，如果仔细观察落在衣服上的雪花，我们会发现雪花有一个共同的特点，就是它们都是六边形的。

为什么雪花会独以六边形的形状出现呢？气象学家认为，雪花并不能凭空产生，高空中飘浮着无数肉眼看不见的微尘粒子，雪花就是以它们为晶核而生成的。当水蒸气在微尘粒子上遇到冷空气而结晶后，由于冰的分子是六边形的，周围的水蒸气在冷空气的作用下围着晶核一层层地凝结，六边形的雪花就这样从晶核中间逐渐长大。

雪花都是六边形的。

雪花在成长的过程中，还在不断地分枝，形状极为复杂。世界上找不到两片一模一样的雪花，但对于一片雪花来说，在六个方向生长的过程却是完全对称的。科学家们曾经用超级计算机模拟雪花的生长过程，虽然可以再现雪花在六个方向的伸展，但始终无法成功模拟其中途分枝的情况，这个现象至今仍是个难解之谜。

雪花将世界装点得更加美丽。

闪电“摄影”之谜

闪电“摄”下的影像能洗掉吗?
闪电“摄影”的机理是怎样的?

从古至今，关于闪电“摄影”的记载或报道相当多。例如1892年7月19日，两个黑人在美国宾夕法尼亚州被闪电击毙，当时他们正在公园的一棵树下避雨。当人们为其中一具尸体脱下衣服时，看到了令人震惊的奇景：死者的胸部留下了闪电发生地点的影像，并且非常清晰。

1957年，美国一位牧场女工在雷雨中工作，忽然一道闪电击中了她。她感到胸部阵阵作痛，解开上衣一看，竟有一头牛印在胸前。1976年，美国一位农民在追打他的一群黑猫时，正好闪电大作。闪电将张牙舞爪的黑猫影像印在农民的秃头上。农民的妻子急忙拿来香皂、洗涤剂等，为丈夫清洗这可怕的影像，却怎么洗也洗不掉。

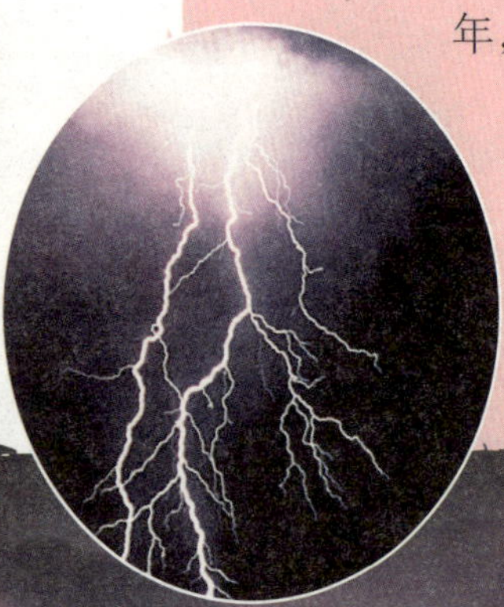

奇异的闪电

闪电为什么会“摄影”呢?有人认为，可能当事人避雨的地方相当于摄影棚，闪电起到了“透视”的作用。如果真是如此，那么具体的摄影机理是怎样的?此外，闪电“摄影”对摄影对象是否有选择性?为什么影像能穿透衣服印在人体上?这些问题至今无人能答。

莫测的未来气候

未来的气候会变暖吗？
“未来气候变冷说”的依据是什么？

气候与人们的生活息息相关，因此人们对未来气候的变化趋势格外关心。一些学者认为，未来气候将不断变暖，理由是地球上人口不断增加，工业迅速发展，自然生态遭到严重破坏，导致大气中的二氧化碳浓度越来越高。二氧化碳浓度增加会造成温室效应的加剧，这可能是全球变暖的基本原因。近年来世界各地的气温普遍增高，两极冰山正在加速融化，热带的物种向中纬度地区迁移等，这些都是气候变暖的证据。

工厂排出的废气不仅造成了大气污染，还加重了温室效应。

另外一些学者持相反的观点，认为气温在未来会逐渐降低。他们的依据是：自20世纪60年代以来，北极高纬度地区气温明显下降；北大西洋出现了几十年从未见过的酷寒；欧洲山岳冰川高度明显下降。他们指出，虽然近年来大气中的二氧化碳浓度确实在增加，但世界各地的平均气温不仅没有增加，反而有所下降。这种现象是温度效应无法解释的。

至于未来气候到底怎样变化，目前科学界仍难有定论。

有学者认为，近几十年来很多地区气温明显下降，说明未来气候将不断变冷。

图书在版编目（CIP）数据

最不可思议的地球未解之谜 / 龚勋主编. —汕头：汕头大学出版社，2012.1（2021.6重印）

ISBN 978-7-5658-0505-9

Ⅰ. ①最… Ⅱ. ①龚… Ⅲ. ①地球－少儿读物 Ⅳ. ①P183-49

中国版本图书馆CIP数据核字（2012）第003513号

最不可思议的地球未解之谜

ZUI BUKE SIYI DE DIQIU WEIJIE ZHIMI

总策划	邢　涛
主　编	龚　勋
责任编辑	胡开祥
责任技编	黄东生
出版发行	汕头大学出版社 广东省汕头市大学路243号 汕头大学校园内
邮政编码	515063
电　话	0754-82904613
印　刷	唐山楠萍印务有限公司
开　本	705mm×960mm　1/16
印　张	10
字　数	150千字
版　次	2012年1月第1版
印　次	2021年6月第6次印刷
定　价	37.00元
书　号	ISBN 978-7-5658-0505-9